管涌发展
与悬挂式防渗墙
作用机制研究

王大宇　著

中国水利水电出版社
www.waterpub.com.cn
·北京·

内 容 提 要

管涌是威胁土石坝与堤防安全的重要隐患。它的发生难以预测、过程无法观测，为科学认识其物理现象和机制造成了较大困难。本书基于无黏性土管涌侵蚀的细观力学机制开展研究，建立了考虑颗粒侵蚀和管涌通道尖端破坏机制的管涌侵蚀动态发展数学模型，并应用该模型研究了悬挂式防渗墙作用机制；通过分析我国典型堤防案例，论证了现有悬挂式防渗墙墙深经验公式的适用条件及作用效果。

本书适合水利工程、岩土工程等领域的科研工作者和大专院校师生阅读和参考。

图书在版编目（CIP）数据

管涌发展与悬挂式防渗墙作用机制研究 / 王大宇著
. -- 北京 ： 中国水利水电出版社，2023.11
ISBN 978-7-5226-1984-2

Ⅰ．①管… Ⅱ．①王… Ⅲ．①悬挂结构－截水墙－研究 Ⅳ．①TV223.4

中国国家版本馆CIP数据核字(2023)第251993号

书　　名	**管涌发展与悬挂式防渗墙作用机制研究** GUANYONG FAZHAN YU XUANGUASHI FANGSHENQIANG ZUOYONG JIZHI YANJIU	
作　　者	王大宇　著	
出版发行	中国水利水电出版社 （北京市海淀区玉渊潭南路 1 号 D 座　100038） 网址：www.waterpub.com.cn E-mail：sales@mwr.gov.cn 电话：(010) 68545888（营销中心）	
经　　售	北京科水图书销售有限公司 电话：(010) 68545874、63202643 全国各地新华书店和相关出版物销售网点	
排　　版	中国水利水电出版社微机排版中心	
印　　刷	天津嘉恒印务有限公司	
规　　格	170mm×240mm　16 开本　6.5 印张　113 千字	
版　　次	2023 年 11 月第 1 版　2023 年 11 月第 1 次印刷	
定　　价	**68.00 元**	

凡购买我社图书，如有缺页、倒页、脱页的，本社营销中心负责调换
版权所有·侵权必究

前　言

　　管涌是威胁土石坝与堤防安全的重要隐患。由于它的发生难以预测、过程无法观测，为科学认识其物理现象和机制造成了较大困难。早在 20 世纪初，已开始有试验模拟和理论研究，但由于对细观侵蚀机制的研究仍不深入，仍然缺乏模拟管涌侵蚀发展过程和评估工程防控措施效果的数学模型方法。

　　本书基于无黏性土中管涌侵蚀的细观力学机制开展研究，建立了考虑颗粒侵蚀和管涌通道尖端破坏机制的管涌侵蚀发展数学模型，模型采用管流域与渗流域耦合的方法，对管流域的计算加入管壁边界入渗流量的影响，使模型计算得到的流场水力条件更加准确，并通过不同的室内管涌发展试验对模型进行了参数率定以及原理验证；揭示了悬挂式防渗墙通过改变管涌发展路径来阻止渗流侵蚀发展的作用机制，而防渗墙自身参数和堤基土体各向异性均是影响悬挂式防渗墙的重要因素；总结了我国典型堤防的断面条件，对典型堤防布设悬挂式防渗墙的情况进行了案例分析。

　　本书共分为 6 章。

　　第 1 章绪论，系统总结了管涌侵蚀的研究进展，梳理了管涌侵蚀发生和发展物理机制、发生渗流侵蚀的土体采用均质各向同性的假设以及管涌防控工程措施理论依据等方面存在的关键科学问题，提出了本书的主要研究内容及技术路线。

第2章管涌动态发展模型的建立，建立了考虑颗粒侵蚀力学机制与管涌通道尖端破坏机制的管涌通道发展数值模型；该模型基于渗流-管流耦合的流场求解方法，考虑渗流作用力、颗粒自重及摩阻力的共同作用，模化侵蚀发生的力学机制。结合土体自身性质如级配曲线、孔隙度及渗透系数，考虑渗流侵蚀过程中的土-水耦合效应，提出以最大侵蚀量方向为判断管涌通道发展方向的依据，并以土体临界孔隙度作为判别管涌通道尖端侵蚀破坏的条件，确定土体内部侵蚀的侵蚀量，以符合土体内部侵蚀的泥沙侵蚀规律，确定管涌通道侵蚀发展的速率。同时，模型考虑了土体各向异性特性的影响。因此，模型可定量表达管涌通道尖端土体颗粒脱离骨架、被水流携带输移的细观物理机制，并可反映土体在不同密实度情况下发生管涌贯穿破坏的差异。

第3章模型验证，通过不同的室内管涌发展试验对模型进行了参数率定以及原理验证。通过设有悬挂式防渗墙的管涌试验的模拟，验证了模型中采用的侵蚀颗粒的受力力学分析方法较为可靠。模型对侵蚀发生的模拟结果较为准确，同时在有悬挂式防渗墙情况下对侵蚀的发展方向的判断也较为可靠。

第4章悬挂式防渗墙的作用机制，应用经过验证的管涌动态发展模型，研究悬挂式防渗墙作用机制。发现悬挂式防渗墙使管涌通道发展过程分为三个阶段，由于侵蚀方向的改变，颗粒临界起动条件增大，绕墙段的发展是悬挂式防渗墙发挥作用的关键；同时，悬挂式防渗墙改变其周围局部流场，降低了当地土颗粒侵蚀的渗流作用力。如果潜在管涌发生点不在防渗墙的影响范围内，则防渗墙对管涌发生条件的影响微弱。此外，悬挂式防渗墙墙深、墙的位置以及土体渗透系数各向异性程度，都影响悬挂式防渗墙的渗控效果。

第5章典型堤防案例，通过对我国典型堤防的案例分析，发现工程中现有悬挂式防渗墙墙深经验公式（墙深为1~1.5倍水头）存在一定的适用条件，仅在墙深大于8m的情况下适用。同时，土颗粒级配、悬挂式防渗墙位置及土体密实程度均会影响悬挂式防渗墙的作用效果。

第6章结论与展望，对本书研究内容进行了回顾与展望。

本书的研究成果得到了傅旭东教授的精心指导，在此表示诚挚的感谢！书中涉及的模型应用等内容仍需深入研究，加之水平和时间有限，书中疏漏和欠妥之处敬请读者批评指正。

作者

2022 年 9 月于北京

目　录

第1章 绪 论

1.1 研究背景

1.1.1 选题背景

人类自古都是择水而居，河流也孕育了人类的文明。但人类受惠于河流的同时也被其带来的灾害所困扰。为了抵抗江河洪水泛滥的侵袭之患，人类沿江、河建筑堤防工程将其流路约束在设定范围内；同时，为了充分利用水资源，人类也会在河流中上游筑坝，以做拦蓄水源、发电之用。

然而，这些堤防、大坝在造福人类的同时，其潜在的渗透破坏问题也给人类的生命财产安全带来了巨大的隐患。Foster 等（2000a、2000b）基于 ICOLD（国际大坝委员会）的统计数据对世界范围的 11192 座大型土石坝的破坏形式进行了统计分析，结果表明约 45％的土石坝失事原因是由管涌造成的。而在我国的大坝工程中，土石坝又是占据绝对数量优势的坝型。根据贾金生等（2006）对 2005 年我国坝高 30m 以上的大坝类型统计结果显示，土石坝共有 2856 座，占据总坝数的 59％。在堤防工程方面，根据我国在 1998 年特大洪水期间对长江中下游干堤险情所进行的统计（长江水利委员会防汛办公室，1998），52％的险情是由管涌引发的。而 2011 年我国进行的第一次全国水利普查（中华人民共和国水利部 等，2013）数据表明，我国堤防总长度为 413679km，其中，5 级以下（防洪标准洪水重现期在 10 年以下）堤防长度仍占到了 33.4％的比例。由此可以看出，我国的土石坝与堤防安全问题仍不容忽视，而管涌作为引起土石坝与堤防安全隐患的一种重要形式也十分值得关注。

此外，近年来，越来越多的学者开始在坡面土体侵蚀的研究中关注地下水渗透破坏所带来的重要影响。Faulkner（2006）、Wilson（2011）通过试验研究了土体内部的管涌侵蚀对地表沟壑的发展的重要作用。Abrams 等（2009）在 *Nature Geoscience* 撰文指出地下渗透水流侵蚀对形成地表沟渠、河网的重要作用。Verachtert 等（2011）对不同学者在匈牙利、波兰以及中国的三个粉砂壤土区所进行的由管涌侵蚀造成土体损失的调查研究总结发现，由管涌引起的地下土体损失量同表面土体侵蚀量相当甚至几倍于表面侵蚀量。在以往对河道发育、土体侵蚀的研究都仅关注于地表水流作用的背景下，这些研究的出现表明了渗透水流侵蚀对土体侵蚀的重要影响作用。

综上，渗流侵蚀破坏的研究无论是从堤、坝工程问题方面，或是从土体侵蚀、河网演化及地貌形成等科学问题方面都有十分重要的意义。

1.1.2 科学与技术需求

对于目前由管涌侵蚀所造成的土石坝坝体失事事件、堤防破坏案例以及坡面侵蚀问题，人们所看到的仅是管涌现象对人类的生命财产、生态环境带来的破坏和损失。而管涌过程的形成和发展，却无从得知。由于它发生在坝体和土体的内部，肉眼难以观测其过程，待其发展到人们可以观测到的破坏现象（如溃坝时），破坏的证据也早已随着无情的水流被带走。

因此，对管涌现象成因、过程、物理机制的研究显得尤为重要。只有通过科学手段，研究管涌的真实物理机制，明确影响其发生、发展的因素，才能对实际工程的抗渗措施的设计产生指导意义。通过各种渗流控制措施如防渗墙、防渗铺盖及反滤层的优化布设，有效对管涌侵蚀进行预防和处理，对降低管涌侵蚀破坏的发生将有重要的意义。

1.2 研究动态

在 20 世纪初就有学者开展了管涌现象的研究。这项研究工作同时涉及了多个学科方向，包括土力学、水力学及渗流力学。在工程实践中，人们多将由渗流侵蚀所造成的破坏现象统称为"管涌"。理论研究中对于"管涌"的定义比较细致，根据其诱发机制的不同，有后向性侵蚀、上举破坏和集中渗漏侵蚀。本书认为，因为诱发原理的不同、土体级配情况不同，使渗流侵蚀现象有所差异，但是总结其本质机理，仍然都是由渗透水流所造成的土体颗粒侵蚀。本书所研究的是其中最常见也是最经典的一种现象类型——后向性侵蚀管涌。

后向性侵蚀，顾名思义，即侵蚀发展方向与渗透水流反向。Bendahmane 等（2008）针对不同土体发生管涌的形式进行研究，发现侵蚀形式取决于土体中黏性颗粒的含量，通常无黏性土的管涌侵蚀形式即为后向性侵蚀，Richards 等（2012）的研究也同样认为后向性侵蚀是无黏性土体内部侵蚀的一种主要形式。目前有关后向性侵蚀的研究也多是基于无黏性土中的管涌侵蚀。关于其现象和物理机制，从 20 世纪初已有学者开展了研究工作。随着对其现象和物理机制认识研究的深入，近几十年来，研究者们也逐渐建立了关于这种土体内部侵蚀形式的各种数值模型。

1.2.1 管涌表观现象

在实际工程中，管涌的发生往往很难及时发现，且因过程发生在土体内部，具体现象难以观测，相关数据也很难在实际工程中获得。因此，不断有学者开展关于管涌发展过程的试验研究，企图发现其背后真正的物理现象。这些关注于管涌过程现象研究试验的共同特点是使管涌发展过程可视化。

为了便于观察试验过程现象，通常这些可视化试验多是模拟堤基管涌。堤基管涌一般发生在透水性较强的砂土层，砂土层上面是透水性较弱的黏土堤身或黏土层。试验中，以装填的砂土槽模拟发生管涌的强透水层，同时采用透明有机玻璃板代替堤身或黏土层覆盖在砂槽土体表面，这样即可在试验过程中透过有机玻璃板观察砂土层中的管涌现象。实际工程中管涌发生位置是随机的，与当地具体情况有关，如堤身下游侧黏土层表面某处较为薄弱，产生集中的渗透水流，当上游水头超过一定值时就容易在该处诱发管涌。试验中，通常选择在上覆有机玻璃板开孔模拟黏土层表面的薄弱点或直接在土槽下游断面上设置管涌出口。

Wit 等（1981）的管涌试验发现管涌通道的发展过程形同蜿蜒型河道的发育，由管涌口向上游溯源侵蚀；Iichiro 等（1987）的二维水平向管涌试验也验证了管涌侵蚀由管涌口逐渐向上游发展的特性；Mueller - Kirchenbauer 等（1993）针对不同种砂样的管涌试验发现管涌通道的深度在其向上游发展的过程中基本保持不变，且这一现象在 Van Beek 等（2014）的试验中进一步得到了证实；同时，Mueller - Kirchenbauer 等（1993）的试验发现管涌通道截面为宽浅型的倒梯形形状，这与周晓杰（2006）所进行的管涌砂槽试验观测到的通道形状一致；姚秋玲 等（2007）所进行的堤基管涌砂槽模型试验也表明堤基表层管涌通道的形状为蜿蜒河曲状的浅沟槽；Van Beek 等（2011）的不同尺度室内管涌试验发现，管涌通道边壁的明显冲刷扩张发生在管涌通道贯穿上下游之后；Van Beek 等（2014）通过对多种土样的管涌试验现象表明，虽然通道宽度随着通道前进发展增大，但是通道尖端的始终保持不变。这些试验现象使研究者对管涌的发展有了比较直观的认识，同时也为研究管涌侵蚀发展的机理提供了基础。

此外，Van Beek 等 (2011) 还进行了全尺度现场管涌试验，通过在黏土堤身下不同位置处设置压力监测装置，通过数据的反馈判断管涌发展的进程，验证现场全尺度管涌发展过程与室内小尺度管涌试验的过程一致，符合侵蚀渐进向上游发展的特性，且下游堤脚处管涌口的尺寸随着管涌通道的前进发展也逐渐变大。

通过一系列的试验研究，对于后向性侵蚀管涌的侵蚀现象目前已基本形成共识（图 1.1）：管涌侵蚀发生则始于某个集中渗流出口，比如坝基下游地表的一个薄弱点，如果集中渗透水流流速足够大，细小的土颗粒在集中渗透水流的作用下首先从该出口处被带出（侵蚀发生阶段）；随着渗流

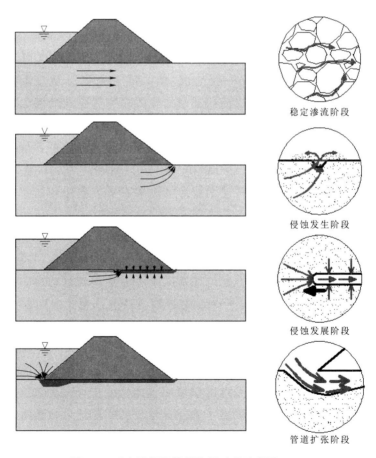

图 1.1 后向性侵蚀管涌发展过程示意图

水流的增强，较大的颗粒也逐渐由出口处被带走，出口空间随着渗流方向的反向扩展并形成不规则通道或"管道"（侵蚀发展阶段）；通道持续向上游发展，并最终贯穿堤基，连通上下游，由于管道水流对管壁的强烈冲刷，管径由上游至下游逐渐扩张（管道扩张阶段）。

1.2.2 管涌物理机制

管涌的理论研究工作，主要是通过理论结合试验共同发展起来的。早期的很多研究工作都是围绕管涌发生的全局临界水力坡降展开的，这部分工作为后面对管涌侵蚀细观机制的研究奠定了理论基础。随着管涌侵蚀物理机制研究的深入，研究者开始更加关注管涌侵蚀发展过程中不同环节的细观机制，在侵蚀发生、发展等方面都有学者做了不同的工作，使管涌的侵蚀发展机制逐渐清晰明了。

1.2.2.1 全局临界水力坡降

Clibborn（1902）通过对颗粒材料的大规模管涌试验，发现管涌的发生与水力梯度之间的关系。随后，Bligh（1910）根据大量现场数据，总结出管涌破坏的全局临界水力梯度公式：

$$E = \frac{L}{H_{cri}} \tag{1.1}$$

式中：H_{cri} 为临界水头；L 为渗径长度；E 为蠕变比，与土体材料相关。

Lane（1935）根据 200 多个发生管涌破坏的大坝实例总结出各种土体类型的临界全局水力梯度，但是在渗径 L 的确定上考虑了土体渗透系数的各向异性。由于土体不同方向上渗透系数大小不同，渗径 L 为不同方向渗透长度的加权平均值之和。Lane 对加权系数以经验取为固定常数 1/3，而 William 等（1994）提出以 E_w 作为加权系数：

$$E_w = \left(\frac{L_h}{\sqrt{K_h/K_v}} + L_v \right) \bigg/ H_{cri} \tag{1.2}$$

式中：L_h 为水平渗径长度；L_v 为竖直渗径长度；H_{cri} 为总水头损失；K_h、K_v 分别为水平向与竖直向的土体渗透系数。

20 世纪 70 年代末，德国和荷兰的学者为了更好地理解黏土堤坝下砂土层中管涌通道的形成发展过程，开展了一系列室内管涌试验；Wit 等（1981）也进行了类似的试验研究。这些简单的试验对理解管涌的机制十分重要。试验过程中，砂土层所承受的水头差逐渐增加，达到一定程度时即会在下游出口区观测到砂沸现象。随着上游水头的继续增加，砂沸的砂量增大，且砂沸口径也随之增大。在上述这些实验的观测基础之上，Sellmeijer（1998）、Sellmeijer 等（1991）提出了类似式（1.1）的管涌概念模型。该模型主要通过对管涌通道底面上土颗粒的极限平衡状态的分析，得到管涌临界水头的表达式。颗粒的受力主要来自渗透水流作用力、管道水流作用力及自身重力。最终确定管涌临界水头与三方面因素相关：

$$\frac{H_{\text{cri}}}{L} = F_R F_S F_G \tag{1.3}$$

其中

$$F_R = \eta \frac{\gamma'_p}{\gamma_w} \tan\vartheta$$

$$F_S = \frac{d_{70}}{\sqrt[3]{\kappa L}}$$

$$F_G = 0.91 \left(\frac{D}{L}\right)^{\frac{0.28}{\left(\frac{D}{L}\right)^{2.8}-1}+0.04}$$

式中：F_R 为侵蚀抗力因素；F_S 为尺度因素，与颗粒大小，渗径长度相关；F_G 为几何形态因素；η 为 White 常数；γ'_p 和 γ_w 分别为土颗粒浮容重和水容重；ϑ 为床面角度；κ 为渗透系数；L 为渗径长度；D 为透水层厚度。

为了研究土体细观物理特性对管涌临界水头和通道形成、发展过程的影响，Van Beek 等（2011）针对不同土样、同一土样的不同密实度进行了不同规模的管涌试验，其结果表明土体参数的不同会影响其发生管涌的条件。Sellmeijer 等（2011）基于这部分试验数据，改进了之前的模型。式（1.3）中的基本要素不变，但是在侵蚀抗力因素 F_R 中考虑了土体的相对密实度 RD，不均匀系数 U 和土颗粒圆度 KAS，且在尺度因素 F_S 中，重新考虑了颗粒尺寸 d_{70} 的权重：

$$F_R = \eta \frac{\gamma'_p}{\gamma_w} \tan\vartheta \left(\frac{RD}{RD_m}\right)^{0.35} \left(\frac{U}{U_m}\right)^{0.13} \left(\frac{KAS}{KAS_m}\right)^{-0.02} \tag{1.4}$$

$$F_S = \frac{d_{70}}{\sqrt[3]{\kappa L}} \left(\frac{d_{70m}}{d_{70}}\right)^{0.6} \tag{1.5}$$

式中：下标 m 均为对应物理量的平均值。改进 Sellmeijer 模型表明，土体相对密实度、不均匀系数及土颗粒大小均会对管涌发生临界条件产生影响，土颗粒圆度的影响作用则十分微弱。

Ojha 等（2001、2003）利用 Carman - Kozeny 方程计算了水流在多孔介质中的水头损失，并结合临界剪切力模型，得到了临界水头关于孔隙度

n 的表达式：

$$H_{cri} = \frac{cd}{2\gamma_w} + \frac{150\upsilon}{gd}\frac{L}{d}\frac{(1-n)^2}{n^3}\sqrt{\frac{cd}{\rho}} \tag{1.6}$$

式中：c 为与土体性质相关的系数；d 为土颗粒平均直径；γ_w 为水容重；υ 为运动黏滞系数；g 为重力加速度；L 为渗径长度；n 为土体孔隙度；ρ 为土体密度。

毛昶熙等（2009）提出针对土体级配曲线上各级颗粒的起动的临界坡降计算公式，并通过大量试验资料验证其可靠性。

此外，一些学者从土体内部结构稳定性的角度对其是否容易发生内部侵蚀破坏进行了研究。Kenney 等（1985、1986）指出无黏性砂的内部稳定性取决于土体的粗粒部分所组成的土体骨架是否能阻挡细颗粒被渗透水流带出；Skempton 等（1994）通过对不同均匀度土体的管涌试验验证了 Kenney 的结论；Fannin 等（2006）通过对一系列无黏性土的实验数据发现土体不均匀系数越大，发生管涌的全局水力梯度越低；Wan 等（2008）则认为前人方法的判断结果较为保守，提出了以级配曲线判断土体内部稳定性的改进方法；Jentsch 等（2014）提出了通过土体级配曲线判断其骨架结构来进行土体内部稳定性的分析。从土体级配角度对土体内部稳定性的相关研究说明了土体内部的侵蚀破坏机制与土体本身性质参数密切相关。

对管涌临界水力坡降的研究是从宏观角度对管涌侵蚀发生的研究。从最初仅以一个经验系数来体现土体性质差异到逐渐开始关注土体各种物理性质参数的差异，如孔隙度、渗透系数以及级配。这个研究趋势说明了土体的细观物理参数在管涌过程中的敏感性，对管涌过程的科学认识必须要从细观机制入手。但是，全局水力梯度仅可作为判断管涌破坏能否发生的临界条件，没有涉及管涌通道具体的侵蚀、发展过程，且有学者通过试验发现（Skempton et al.，1994），在上游水头还远未达到以全局水力梯度计算方法得到的临界水头时，已能观察到开始有颗粒被渗透水流侵蚀并带出。

1.2.2.2 管涌发展过程机制

随着管涌研究的发展，越来越多的学者认为不只应着眼于宏观水力梯度，也应从渗流过程中土体颗粒流失导致土体结构变化的细观角度来揭示管涌发展的机制。

管涌侵蚀发展机制的理论研究主要集中在侵蚀发生确定、侵蚀量确定以及侵蚀速率的确定这三个可以体现管涌渐进发展的侵蚀特征的关键点上。

　　侵蚀的发生取决于颗粒的起动，河流动力学的研究中广泛采用 Shields 曲线判断床面泥沙的起动。但是 Shields 曲线没有考虑颗粒形状，如圆度的影响，Mantz（1977）针对这个问题改进了 Shields 曲线。Shields 曲线对泥沙起动考虑是基于泥沙颗粒所受驱动力和阻力的极限平衡关系，计算泥沙颗粒所受的剪切作用力。

　　管涌侵蚀研究中，很多研究对于泥沙的起动也是基于这个思想。Khilar 等（1985）认为内部侵蚀由两个重要的步骤组成：剥落和运移，为了更直观的表述这个过程，Khilar 将多孔介质土体概化为由一系列不同直径的毛细管平行排列的毛细管模型。在每一个毛细管中，若颗粒所受毛管水流的剪切力超过临界剪切力，则被水流从管壁剥落，然后或被水流带出或沉积于管中；Graf（1998）针对管道中的均匀流提出管道均匀泥沙的剪切力计算公式，认为当剪切力大于临界剪切力时，泥沙颗粒即起动；刘忠玉等（2004）同样采用毛管模型确定颗粒的侵蚀，并将颗粒的侵蚀与渗透系数的变化联系起来；Fujisawa 等（2010）、傅旭东等（2011）采用了类似的以临界剪切力确定侵蚀发生的方法；丁留谦等（2007a）采用管涌通道尖端的临界水力坡降确定管涌侵蚀的发生，认为当通道尖端水力坡降值超过临界值时，管涌即会发生或继续发展；Beguin 等（2010）以 Istomina（1957）、Brauns（1985）、Bezuijen 等（1987）和 Cyril 等（2010）中的试验数据绘制出临界达西流速与颗粒直径的关系曲线，如图 1.2 所示。以上研究无论是以临界剪切力、管涌通道尖端临界坡降还是临界流速判断土颗粒的侵蚀起动，主要关注的是水流作用对侵蚀的影响。Richards 等（2010）指出土颗粒自重在渗流路径方向改变时对侵蚀发生的重要改变作用；Zhou 等（2012）同样以临界流速判断土颗粒的侵蚀启动，同时考虑管涌通道前进可能的发展方向，在不同侵蚀方向上采用不同的临界流速，等同于考虑了土颗粒自重对侵蚀影响的差异；Fleshman 等（2014）对于不同土样诱发管涌侵蚀进行了室内试验研究，发现土体抵抗管涌侵蚀的能力与颗粒容重、颗粒形状以及颗粒级配相关，容重越大、有棱角或是级配较宽的土体发生管涌侵蚀所需水力条件更强。

　　由于对管涌尖端土体侵蚀机制的研究不够深入，一部分研究对于侵蚀量的确定多以经验方式解决或认为侵蚀发生土颗粒即全部被侵蚀走，无法反映侵蚀条件的差异对侵蚀量的影响。Kenney 等（1985）提出结合土体

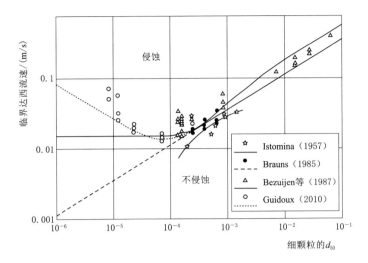

图 1.2 临界达西流速与粒径关系曲线（Beguin et al.，2010）

级配曲线确定颗粒侵蚀量；Fujisawa 等（2010）将土体分为四相：气相、液相、可被侵蚀颗粒相与土骨架相，并根据土体的渗透系数及孔隙度确定了土体孔隙的代表直径，认为小于代表直径的颗粒只要满足侵蚀发生条件（临界剪切力）可被侵蚀带走，结合土体颗粒的级配曲线即可得到土体的侵蚀量。这种侵蚀量的确定方法通过土体级配的差异简单反映了土体性质不同所带来的影响。介玉新等（2011）同样以颗粒级配曲线确定土体侵蚀量，并考虑了侵蚀后因为土颗粒的粗化而带来的土体渗透系数的改变（渗透系数 $k = \alpha d_{20}^2$，α 为相关系数），初步反映了土体因被水流侵蚀而对水流产生的反馈作用。

在河流动力学的各个研究领域里，常采用水流作用于土体表面的剪切力来量化侵蚀率（Yalin，1977；Chanson，1999；Izumi et al.，2000）。因此，在对土体内部侵蚀率的研究中，一些学者仍旧对被侵蚀土体采用了半经验的过量剪切力公式来确定其侵蚀率（Indraratna et al.，2009；Khilar et al.，1985）：

$$E = \alpha(\tau - \tau_c) \tag{1.7}$$

式中：E 为土体侵蚀率，$m^3/(m^2 \cdot s)$；α 为侵蚀系数；τ 和 τ_c 分别为剪切作用力和临界剪切作用力。

过量剪切力公式应用于土体内部侵蚀中时通常是采用毛细管模型，以一系列不同直径组合的相互平行毛细管代表多孔介质土体。这样，对毛细管壁的侵蚀即相当于河流动力学中的床面侵蚀。Reddi 等（2000）通过进行土体内部侵蚀试验与土样中预设贯穿孔洞的土体表面侵蚀试验的研究认为，土体内部侵蚀，是一个发生于土体内部的土体侵蚀与颗粒运移共同作用的过程，必须考虑土颗粒在被侵蚀后在土体孔隙中的沉积和堵塞作用，其侵蚀速率与表面侵蚀差异较大。

有关渗透水流对土体内部侵蚀的作用在 Fox 等（2006）、Fox 等（2007）、Wilson 等（2007）的研究中曾涉及，他们的研究认为对于土体内部侵蚀其侵蚀率与过量流量之间具有定量关系：

$$E = k_s(q - q_c)^a \tag{1.8}$$

式中：E 为侵蚀率；k_s 侵蚀率系数；q 和 q_c 分别为渗流量和临界渗流量；a 为幂指数。该公式形式与表面侵蚀式（1.7）类似，但是侵蚀率系数、幂指数需采用以内部侵蚀实验数据率定来确定。此外，以流量作为侵蚀率的变量更适用于渗流侵蚀计算，因为渗流量可直接利用渗流计算得到。而式（1.7）以表面剪切力为变量求解多孔介质中因渗流作用而产生的土体内部侵蚀率时，为了求解表面剪切力则需要将土体模型概化为毛细管模型，并且需要对毛细管模型进行参数敏感性分析，对其孔隙度、孔隙构造与土体原型的等效性进行讨论。

在管涌侵蚀机制的研究中目前已取得了不少进展，GV 等（2013）在对已有的土体内部侵蚀导致管涌现象的试验和数值研究总结时认为，后续的研究应关注在集中水流的作用、泥沙颗粒的剥离、土体内部结构的破坏以及被侵蚀泥沙颗粒的输移上。通过本书对这方面研究进展的总结可以看到，在侵蚀发生机制上，目前的研究主要关注的是水流作用的影响，而土颗粒侵蚀受力作用中，除了水流作用，还包括土颗粒自重等其他力学作用；土体内部侵蚀量的确定，需要以准确的侵蚀发生机制为基础，结合土体自身级配等物理性质的影响来确定，同时土体内部侵蚀过程是一个土-水耦合的过程，不仅要考虑渗透水流对土颗粒侵蚀的作用，同时也要兼顾土体被侵蚀后，由于孔隙度的变化、土体颗粒粗化等众多因素对渗透系数等参数的改变，从而对水流产生反馈作用；此外，渗透水流对土体侵蚀速率的确定，可以参照表面侵蚀公式的形式，但必须注意到它们之间侵蚀机制的本质差异，不能简单地将两者等同。

1.2.3 管涌发展数值模型

1.2.3.1 纯渗流模型

所谓纯渗流模型，是指对发生管涌区域与未发生管涌区域均采用渗流理论进行求解。Cividini 等（2004）基于 Sterpi（2003）的细颗粒流失量与渗透坡降关系的经验公式，将粗颗粒作为不动的骨架颗粒，计算得到渗透区域空间各点处细颗粒密度随时间的变化；殷建华（1998）对发生管涌的区域采用扩大渗透系数的方法，计算不同管涌通道长度下，管涌区对未发生管涌的渗流区的影响；丁留谦等（2007a）、李守德等（2003）、张家发等（2004）、刘昌军等（2012）同样采用对管涌区域扩大渗透系数方法，并以临界水力坡降为判断条件模拟管涌的发展过程，实现了管涌通道侵蚀后向性发展的动态模拟。

陈建生等（2000）首先在理论层面讨论了将管涌视为自流井，以完整井或非完整井的井流理论研究发生管涌的渗流场特点；刘建刚等（2002）对不同堤基厚度采用非完整井或完整井流砂模型，对超过临界水力坡降的单元渗透系数以涌砂后渗透系数表示，模拟堤基渗透变形的扩展过程。

Vandenboer 等（2014b）以扩大管涌通道渗透系数的方法建立了后向性管涌侵蚀发展的三维模型，认为三维模型比二维模型更能真实反映管涌发展的特性。

罗玉龙（2009）、罗玉龙等（2010b）基于多孔介质动力学理论，将饱和土体视为骨架相、水相和液化颗粒项，当骨架所受剪应力大于土体胶接强度时，即发生骨架相的液化，并同时考虑土体在渗流侵蚀过程中的土-水耦合效应，对管涌的发展过程进行了数值模拟。

Fujisawa 等（2010）的模型引入简单的侵蚀机制，根据土体级配的不同确定土颗粒所受剪切力作用，以此判断颗粒是否侵蚀；并通过颗粒侵蚀后孔隙度、渗透系数的变化计算管涌的发展变化过程。其模拟结果可通过管涌区域孔隙度的明显变化看出管涌的后向侵蚀发展过程。

以纯渗流模型模拟管涌发展的优势在于可采用目前在渗流计算应用中已较为成熟的有限单元法（殷建华，1998；丁留谦 等，2007a；李守德 等，2003；张家发 等，2004；刘建刚 等，2002；Vandenboer et al.，2014b；罗玉龙，2009）或有限体积法（Fujisawa et al.，2010）进行求解；但是实际管涌通道中的水流已不属于达西流动，仍采用渗流理论求解缺乏合理性。

1.2.3.2 颗粒流模型

颗粒流模型在各个学科中都有广泛的应用。目前也有学者将颗粒流模型用于管涌过程模拟中。周健等（2007、2008）和张刚（2007）利用颗粒流方法，结合模型试验，考虑了流固耦合作用，模拟了砂土管涌的形成过程。El Shamy 等（2008）考虑了被侵蚀土颗粒、水流与土体骨架之间的相互作用，并将多孔介质土体模型分为两相，分别为流体相和颗粒土体相，以 N-S 方程求解连续流体，流体中的细颗粒则使用颗粒方法模拟。倪小东等（2009）采用颗粒流方法模拟室内砂槽管涌试验，验证了颗粒流方法可以合理模拟不同土体级配、孔隙度情况下的管涌现象。

颗粒流模型的优点是采用颗粒流方法可以从颗粒尺度阐述管涌发展的细观机理，但是大量的计算也造成其对计算机硬件的要求很高，从而使其在实际问题的应用中有一定困难。

1.2.3.3 渗流-水流耦合模型

后向性管涌的侵蚀发展是由管涌通道内的水流流动与渗流区域内的达西流动共同造成的。渗流-水流耦合模型就同时考虑了这两种不同流动的影响，使管涌发展的模拟更加符合实际。

Zhou 等（2012）、周晓杰（2006）、周晓杰等（2009）将计算区域分为管流域与渗流域，对两域分别采用管流理论与达西定律求解，通过对两域共同边界的耦合求解计算整个流场信息；同时对管涌尖端的发展采用临界流速的判断准则来确定侵蚀是否进一步发生，可模拟管涌通道的发展过程。模型提供了较好的模拟管涌动态发展过程的流场求解方法。

对于渗流域和纯水域中两种不同流动的耦合，已有经典的 Darcy-Brinkman 方程（Levy et al.，1975；Schulze et al.，1999）。Fujisawa 等（2014）采用了 Darcy-Brinkman 方程的改进形式（Bars et al.，2006）对达西流动和 Navier-Stokes 流动进行耦合求解，并利用基于相变方程的边界追踪方法对管涌通道的发展过程进行计算。Fujisawa 的模型同样解决了两种不同流动的动态耦合求解问题。

对管涌发展数值模拟研究的总结可见，渗流-管流耦合模型较能真实反映土体内部管涌侵蚀发展的水力条件，基于渗流-管流耦合计算的模型是准确求解管涌侵蚀水力条件的前提；另外，在模型中引入土体内部侵蚀物理机制是客观重现管涌发展过程的必要条件。但目前的管涌发展模型还未能将两者很好地结合起来。

1.2.3.4 其他模型

曹敦侣（1985）、曹敦侣等（1997）考虑土体的非均质性，提出基于随机理论的管涌发展模型，认为管涌过程可以归化为管涌通道尖端点的随机游走，计算域中各点的渗透坡降以一定概率密度函数形式表示，大于临界坡降即认为发生管涌破坏。该模型可模拟管涌通道的发展并对不同土体计算其发生管涌破坏的概率。

1.2.4 悬挂式防渗墙作用机制

在实际工程中，为了预防和控制渗透破坏变形，往往会采用一系列渗控措施来保障堤防工程不受渗透破坏威胁，防渗墙是其中一种较为常见的形式。传统的防渗墙主要是通过自身材料的弱透水性起到阻渗、抗渗的作用。近些年，也有新型的防渗墙技术如生物灌浆（BioGrout）（Van et al.，2011）和新型的垂向土工布技术（Koelewijn et al.，2014）做防渗墙，这些技术并不改变墙体的渗透系数，主要起到拦截细颗粒被侵蚀带走的作用，目前还都处于试验研究阶段。

防渗墙的主要形式包括截断式防渗墙、半截断式防渗墙和悬挂式防渗墙。截断式防渗墙与半截断式防渗墙都指防渗墙截断了整个强透水层并打入下层弱透水层中，但半截断式防渗墙是指在弱透水层下还有相对强透水层，而截断式防渗墙进入的弱透水层下不存在较强透水层。截断式防渗墙在阻渗效果上要比悬挂式防渗墙明显，但 Rice 等（2009、2010）通过对美国的几处截断式防渗墙的研究指出，截断式防渗墙容易因墙的上、下游侧较大水头差而造成墙体变形，同时墙底与基岩接触处较大的渗流梯度同样容易造成侵蚀冲刷；并且在某些地区，由于强透水层深度较厚，如果采用截断式防渗墙形式则施工造价较高并有一定难度。我国在 1998 年长江特大洪水后对堤防工程安全重视度的提高，使得悬挂式防渗墙这种施工较快、成本相对较低的垂直防渗墙措施开始被广泛应用。

有关悬挂式防渗墙的研究，已有大量从试验角度进行的研究。Cedergren（1967）研究了悬挂式防渗墙对渗流量的影响，发现随着悬挂式防渗墙贯入度的增加，渗流量随之降低，并在悬挂式防渗墙贯入度接近 1 时，渗流量显著下降。此外，防渗墙的抗渗作用一直以来被认为是增加了渗透路径从而降低了全局水力坡降。然而，张家发等（2002）通过试验发现悬挂式防渗墙对管涌发生的临界条件影响很小，但是却可以有效阻止管涌的继续发展，同时，防渗墙的贯入深度越大，它对于渗透变形扩展过程的制约越大；毛昶熙等（2005）的堤基管涌试验同样证实了悬挂式防渗墙对于堤基管涌有截断发展通道、控制其发展的显著功效；李广信等（2005）通过堤基彩色模型砂试验发现随着悬挂式防渗墙深度增加，发生管涌破坏的范围也逐渐降低；王保田等（2008）的试验则发现，随着贯入度（墙深与试样深度的比值）的增加，虽然防渗能力随之提升，但从投资的经济性角度考虑，单位投资所取得的防渗效益却逐渐下降。丁留谦等（2007b）改变双层地基中悬挂式防渗墙的位置，发现其布置在背水侧较临水侧对抵抗管涌破坏效果更加明显。简言之，现有的试验研究均表明悬挂式防渗墙可以有效地阻止管涌的继续发展，因为其使管涌继续绕墙发展的难度较大。

理论研究方面，刘川顺等（2002）通过对各种形式防渗墙情况下渗流计算分析，认为悬挂式防渗墙对渗流场的分布改变无本质变化，对于透水堤基建造悬挂式防渗墙作用不大；且当堤基表层有一定厚度弱透水层覆盖且堤身无明显缺陷时，从节省工程量的角度可将防渗墙建在靠近临水侧坡脚处；此外，防渗墙本身厚度对增加防渗效果并不明显，但是其渗透系数取值为强透水层渗透系数的 $1/1000 \sim 1/10000$ 时防渗效益最佳。

在数值模型方面，张家发等（2004）采用管涌发展模型对悬挂式防渗墙作用进行了初步探讨，验证了试验的结论：悬挂式防渗墙渗控效果不明显，但是可控制管涌发展，且随着墙深加大，其制约管涌发展的作用也随之加大。罗玉龙等（2010a）利用基于溶质运移思想建立的渗透侵蚀耦合管涌模型，通过土体孔隙度及液化细颗粒体积分数的变化，探讨了悬挂式防渗墙在不同贯入度时的渗控效果，发现存在最优贯入值，当悬挂式防渗墙贯入度超过这一数值时，增加墙深对提高渗控作用的效果已不明显。

目前通过试验，对悬挂式防渗墙的基本作用效果已有总体的认识，但在数值模型方面对其作用机制的科学认识并不深入，在悬挂式防渗墙数值模拟研究方面取得的成果还较为有限。

1.3 研究问题

无黏性砂土的管涌侵蚀具有逆渗流方向渐进侵蚀发展的特点，管涌的发生（侵蚀发生）和管涌的发展（侵蚀量的确定和侵蚀速率的确定）是两个关键的环节。目前对于管涌发展过程物理机制和数值模型的研究都已取得了不少进展，但是存在需要进一步解决的问题。

（1）管涌侵蚀发生、发展物理机制不清晰，现有的数值模型均未体现。管涌侵蚀发展过程中，有两个重要的耦合过程。首先，是达西流动与管道水流流动的耦合，土体内部的水力学条件同时受这两种流动的影响，考虑这两种流动的耦合是准确计算水力条件的重要前提；其次，是渗流域侵蚀过程中土-水作用的耦合，随着土体细颗粒部分被渗透水流侵蚀带走，土体级配、孔隙度、渗透系数等参数都发生变化，从而影响渗透水流作用发生变化，侵蚀过程中土-水耦合的效应根据不同土体级配、性质也会有所不同。这两种耦合过程在目前的模型中还没有很好地结合起来。

此外，侵蚀是否发生主要取决于土体颗粒被侵蚀的力学条件，除了目前研究主要关注的水流作用外，土颗粒自重、土体内部侵蚀的阻力项在目前的模型中都还没有得到很好的考虑。

现有模型对管涌侵蚀破坏的判断通常以经验参数如临界水力梯度、临界流速作为依据，此类判断依据仅考虑了水流侵蚀作用的影响，同时也不能体现出不同土体发生渗流侵蚀的差异。

（2）发生渗流侵蚀的土体采用均质各向同性假设有一定局限性。Griffiths 等（1998）指出将土体作为均质各向同性考虑有不妥之处。因为对当地土地性质变异系数的不确定，实际工程中就必须采用较大的安全系数以确保工程的安全性。Fox 等（2010）在对均质各向同性土体进行土体水力特性的数值研究中也指出未来的研究应该对土体的非均质、各向异性特点进行考虑。而现有的对管涌侵蚀发展的研究多是将土体视为均质、各向同性介质，使得管涌发展的模拟存在一定局限性。

（3）管涌防控工程措施理论依据仍存在缺陷，其作用机制的认识仍然模糊。传统上对于垂直防渗措施如悬挂式防渗墙作用的理解是认为其增加了渗透路径，从而降低了发生渗透破坏的全局坡降。而实际对此类防渗措施的试验研究却表明，悬挂式防渗墙对于渗透变形发生的条件影响较小，但却可以有效控制管涌侵蚀的继续发展。这一实际现象与传统理论认识的偏差说明对于悬挂式防渗墙机制的认识还不够深刻，而目前也缺乏可以从物理机制上对防渗墙作用进行研究的数值模型。科学认识悬挂式防渗墙的作用机制，才有助于实现其在工程中的优化布置。

1.4 研究内容及技术路线

从提出的研究问题出发，本书的主要研究内容包括以下几部分：

（1）建立基于土体内部侵蚀机制的管涌动态发展模型。通过对管涌侵蚀发展中主要环节的物理机制的分析，明确侵蚀发生的力学条件；结合土体级配情况及孔隙度等参数，考虑土-水耦合效应，确定土体侵蚀量；从土体内部侵蚀角度，确定管涌侵蚀发展的速率。最终建立有清晰的土体内部侵蚀机制的管涌动态发展模型。

（2）模型验证。以现有的管涌过程发展试验对本书所建立的数值模型进行参数率定，并对模型原理进行验证，同时对比数值模拟结果与试验结果，证明数值模型模拟的合理性。

（3）悬挂式防渗墙作用机理研究。将所建立的管涌动态发展模型应用于悬挂式防渗墙作用机制的数值研究中。通过对设置悬挂式防渗墙情况下管涌发展过程的模拟，研究悬挂式防渗墙的作用特征；分析管涌发展过程中各种力学条件的变化，从而从力学机理角度解释悬挂式防渗墙的作用机制；通过改变各种条件因素（如防渗墙深、防渗墙位置、土体渗透系数各向异性比值等），研究影响悬挂式防渗墙作用的因素。

（4）典型堤防案例分析。对我国常见的典型形式的堤防案例进行悬挂式防渗墙布设的分析计算，研究其作用效果，评估实际工程经验的合理性。

研究技术路线如图 1.3 所示。

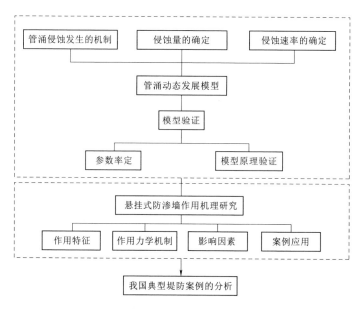

图 1.3　研究技术路线

第 2 章　管涌动态发展模型的建立

本书主要研究的是管涌最典型的一种模式——后向性侵蚀管涌。在后向性侵蚀管涌的形成发展中，土颗粒的侵蚀既与多孔介质中的流动——渗流相关，同时也受到多孔介质的外部水流——已形成的管涌通道中的水流的影响。因此，必须同时考虑这两种不同流动对侵蚀水力条件的影响，以及侵蚀过程中土和水流之间的耦合作用，即土体被水流侵蚀后由于土体细观结构的改变而对水流产生的反馈作用，才能更好地理解和预测管涌侵蚀的发展过程。周晓杰（2006）和 Fujisawa 等（2014）的管涌发展模型均考虑了这两种不同流域的耦合对管涌发展的影响。但是，两人的模型均没有考虑管涌通道侵蚀发展的物理机制以及侵蚀过程中的土-水耦合效应，或以经验流速判断颗粒起动或直接以经验速度确定管涌通道的前进发展，无法反映不同土体中的管涌发展差异。

针对上述情况，本书也将考虑管涌发展过程中这两种不同的流动，采用渗流-管流耦合的计算方法。通过对管涌发生处的土体颗粒进行力学分析，判断其侵蚀起动的力学条件，并结合土体级配曲线计算侵蚀量；同时考虑细小土颗粒被渗透水流从土体结构中带出后，土体孔隙度、渗透系数的变化对渗流水流产生的反馈作用，即土体-渗流耦合效应；并以土体内部侵蚀率计算公式计算通道侵蚀发展的速度，从而实现管涌动态发展的模拟。该模型考虑了管涌通道发展过程中通道尖端土颗粒被侵蚀的力学机制，并考虑土体孔隙度、级配及渗透系数等土体细观参数变化的影响，使模型可适用于不同土体中管涌侵蚀的模拟。

本章的主体内容如下：2.1 节建立渗流域及管流域的控制方程，确定边界条件；2.2 节主要从土体颗粒的受力情况分析管涌发生和通道发展的过程，完成管涌发展模型的建立，这部分也是管涌侵蚀发展的重要步骤；2.3 节则对模型中所使用的参数进行讨论，完成模型的闭合；2.4 节对模型所采用的数学求解方法进行简要介绍；2.5 节主要介绍模型程序的概况及程序流程图。

2.1　渗流域及管流域控制方程

在管涌侵蚀发展过程中，管流区域内的水流状态可能为层流或紊流。管涌通道中除了来自其尖端不断进入的水流，同时，管涌通道边壁作为渗流域与管流域的共同边界存在压差水头，因此在管涌通道边壁上也存在水流交换。此外，管涌通道尖端及管壁都会有土体颗粒被水流侵蚀冲刷而带入管涌通道中来。

本书采用周晓杰（2006）的管流-渗流耦合方程，将多孔介质区域视为"渗流域"，其中的流动因符合达西定律而被称作"达西流"；而另一完全被水流占据的管道区域为"管流域"，对管道中的水流采用管流理论进行计算并将其称为"管流"。并在此基础上考虑了管道边壁水流的入渗对管道流量的影响。本书假设管涌通道水流中被侵蚀颗粒的浓度并没有达到足够改变流体性质的程度，管道中的水流仍被视为黏性、不可压缩的牛顿流体。

由于管涌通道的动态发展，管道中水流为非恒定流，一些学者在进行同类型计算时采用瞬时模型，如 Fujisawa 等（2010）。本书的管流方程采用了河流工程中较为常见的准恒定流模型。也就是说，将水流的非恒定过程划分为若干个连续的恒定状态，这样即可采用恒定流模型进行计算。这一处理方法可使计算简化，但仅适用于水流变化并不迅速的算例。因此，考虑管道边壁的渗流入渗，被侵蚀管道中水流的质量和动量守恒方程可做如下表达：

$$\frac{\mathrm{d}Q}{\mathrm{d}x} = q = A\,\frac{\mathrm{d}v}{\mathrm{d}x} + v\,\frac{\mathrm{d}A}{\mathrm{d}x} \tag{2.1}$$

$$\frac{\partial}{\partial x}\left(H + \frac{v^2}{2g}\right) + \lambda\,\frac{1}{d_e}\,\frac{v^2}{2g} = 0 \tag{2.2}$$

其中　　　　　　　　　　　　　$A = \pi d_e^2/4$

式中：Q 为流量；q 为单位管道长度的管壁入渗量；v 为管道断面平均流速；H 为上游水头；A 为管道断面面积；d_e 为管道水力半径；λ 为管道阻力系数；g 为重力加速度；x 为沿流向坐标，其正向即为断面平均流速方向。

动量守恒方程忽略了管壁入渗水流对动量的影响。这一假设在管壁入渗流量较小或入渗水流方向与管流方向垂直的情况下是合理的。

对于二维渗流区域 Ω，其控制方程为符合达西定律的二维渗流微分方程：

$$k_x \frac{\partial^2 H}{\partial x^2} + k_y \frac{\partial^2 H}{\partial y^2} = 0 \tag{2.3}$$

其边界条件为

$$H|_{\Gamma_1} = H_0(x, y) \tag{2.4}$$

$$K \frac{\partial H}{\partial \vec{n}}\bigg|_{\Gamma_2} = -q(H, x, y) \tag{2.5}$$

式中：k_x、k_y 分别为 x 方向和 y 方向的渗透系数；Γ_1 为已知上游水头边界条件；Γ_2 为渗流域与管流域的共同边界；q 为该边界上的单位渗透水流量。

2.2　颗粒侵蚀与管涌通道发展

对于后向性侵蚀管涌发生、发展的基本现象，目前已基本达成共同的认识。其内部侵蚀的过程普遍认为是细小的泥沙颗粒首先被渗透水流从土体骨架中带出，导致土体孔隙度的增大，随着越来越多的土颗粒被水流侵蚀带走而最终导致土体的侵蚀破坏。要对管涌的发展过程进行数值模拟，首先要明确其物理过程。本书将从四个主要的物理过程对管涌发生、发展的机制进行讨论，如图 2.1 所示。首先是颗粒侵蚀的发生条件，第二步确定侵蚀的发展方向，第三步为管涌通道尖端破坏的判定，最后为通道前进的长度，也就是管涌通道尖端颗粒被侵蚀速率的确定。

2.2.1　颗粒侵蚀的力学条件

本书模型为二维模拟，因此仅考虑管涌通道在纵深平面（xy）内的发展。x 为水平向，其正方向指向下游方向，y 为垂向方向。

管涌发生的起因在于局部土颗粒被渗透水流侵蚀带走，因此，首先需要对土体颗粒的受力情况进行分析。需要注意的是，被分析的颗粒位于诱发管涌的集中渗流出口或是已形成的管涌通道的尖端，仍处在渗流区域内。对任意一个管涌通道可能发展方向上的尖端颗粒受力分析如图 2.2 所示。

被侵蚀土颗粒的受力主要有三种作用力，包括渗透水流作用力 f_s，其在 x 方向和 y 方向上的分力分别为 f_{sx} 和 f_{sy}；土颗粒的自身重力 f_g 以及周围土颗粒对其移动产生的摩阻力 f。

假定所有力均作用在颗粒的重心，那么在临界条件下，颗粒受力应在

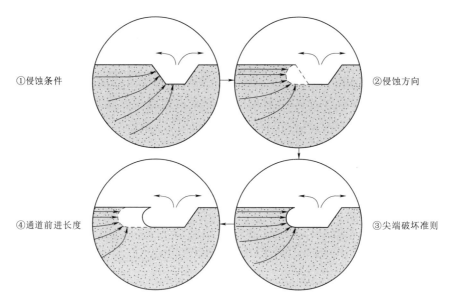

图 2.1　管涌发生发展物理图景

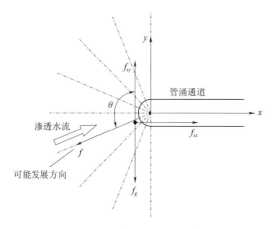

图 2.2　被侵蚀颗粒受力分析

侵蚀发展方向上达到平衡状态：

$$f_{sx}\sin\theta - f_{sy}\cos\theta = f - f_g\cos\theta$$
$$(2.6)$$

式中：θ 为该可能发展方向与 y 轴正方向夹角。

其中，作用在单个颗粒上的渗流力可用下式进行计算（Howard et al.，1988）：

$$f_s = C_p 3\pi\mu du \quad (2.7)$$

式中：μ 为流体动力黏度；d 为颗粒直径；u 为当地渗流速度；系数 C_p 为土体孔隙几何形状与颗粒周围流线形态的比值。

当地渗流速度 u 可以达西定律表示：

$$u = ki/n \qquad (2.8)$$

式中：i 为当地渗透坡降；n 为当地土壤孔隙度；k 为当地土体渗透系数。

土体渗透系数代表流体通过孔隙骨架的难易程度，它与土体固体骨架的性质、流体的动力黏滞系数及密度相关。随着侵蚀的发生，一部分细颗粒被渗透水流带出，必然造成当地土体孔隙度的增大和土体级配的粗化，从而会影响到渗透系数的变化。因此，在本书的模型中，将考虑侵蚀过程中土体和水流之间的耦合的作用，被侵蚀土体的 k 在侵蚀发展过程中并不为常数，而是孔隙度 n 和土颗粒级配 d_{10} 的函数。本书采用 Chapuis（2004）通过研究饱和土体渗透系数与土体有效粒径及孔隙比的关系，提出的计算饱和土体渗透系数的表达式为

$$k = 1219.9 \cdot d_{10}^{1.565} \cdot \frac{n^{2.3475}}{(1-n)^{1.565}} \qquad (2.9)$$

式中：d_{10} 的单位为 m。

颗粒在饱和土体中的自重可表示为

$$f_g = C_s \frac{\pi}{6} (\gamma_s - \gamma) d^3 \qquad (2.10)$$

式中：C_s 为颗粒形状系数，颗粒为圆球体时 $C_s = 1$；γ_s 和 γ 为土体颗粒和流体的单位容重。

摩阻力 f 来自被侵蚀颗粒的周围颗粒对其移动产生的接触摩擦力。摩阻力的表达式为

$$f = f_f (f_g \sin\theta - f_{sy} \sin\theta - f_{sx} \cos\theta) \qquad (2.11)$$

将式（2.7）~式（2.11）代入式（2.6），即可得到被侵蚀颗粒的受力平衡方程。这样，也就得到了土体颗粒可以起动的临界状态。一旦该平衡状态被破坏，颗粒即被侵蚀起动。

通过对土体颗粒的侵蚀受力分析可见，侵蚀的发生过程中，渗流作用力［式（2.6）的等号左边项］是侵蚀主要的驱动力，式（2.6）的右边项则代表了颗粒可被侵蚀的临界起动作用力。临界起动作用力由土颗粒自重及周围颗粒对被侵蚀颗粒的摩阻力组成，随着侵蚀发展方向 θ 的不同，土颗粒自重对临界起动作用力的贡献也不同。当 $\theta = 90°$，也就是侵蚀发展方向为水平向时，土颗粒自重本身对临界起动作用力的贡献为零，而仅有其自重引起的摩阻力；但当 $\theta > 90°$ 时，也就是侵蚀发展方向向下时，此时土颗粒自重在侵蚀发展方向上的分量就成为了阻碍侵蚀发生的阻力，颗粒侵蚀临界起动作用力因此增大而使得侵蚀的发生需要更强的水力条件。目前室内管涌试验观察到管涌发展始终沿着土层表面的现象，除了由于水平向水力梯度大、渗流侵蚀作用力大，颗粒自重影响侵蚀竖向发展也是其中一个重要原因。

2.2.2　通道发展方向

在管涌通道发展方向的确定中，丁留谦等（2007a）的模型采用了最大水力梯度发展方向，Zhou 等（2012）、周晓杰（2006）的模型则采用最大流速方向。他们的本质都是主要考虑渗透水流的作用。

图 2.2 对颗粒的受力分析表明，颗粒的起动（被侵蚀）是渗透水流作用力、颗粒自身重力及周围颗粒对颗粒的摩阻力共同作用的结果。结合颗粒受力的极限平衡状态即可知，颗粒的起动条件［式（2.6）的等号右边项］是由摩阻力及自身重力共同决定的，且颗粒在不同侵蚀方向上的起动条件是不同的。式（2.6）等号左边项则代表了颗粒在该方向上所受的渗透水流作用力。渗透水流作用力与颗粒起动条件差值的大小决定了被侵蚀颗粒的数量。在侵蚀发展过程中，由于管涌通道尖端各方向渗透梯度不同，土颗粒自重在不同侵蚀方向产生的作用也不同。因此，通过受力分析可能会出现好几个方向上的颗粒同时都能起动，但各个方向上可被侵蚀的颗粒量也不同。被侵蚀颗粒数量多，说明该方向的孔隙变化比其他方向大，最容易达到土体骨架破坏。同时，当这个方向上更多土颗粒被水流带走时，该方向上的渗透系数变化最大，水力损失最小，此时集中水流就容易沿着该方向发展，从而加快侵蚀发展。因此，本书选择土颗粒侵蚀量最大的方向为侵蚀最终的发展方向。如果没有任何一个方向上的颗粒可以达到破坏受力平衡的状态，则说明在当时的水力条件下，不会有管涌发生或管涌不会继续发展。有关侵蚀量的具体确定，见 2.2.3 节。

2.2.3　侵蚀量的确定及管涌通道尖端破坏准则

对任意一个管涌通道可能的发展方向，根据管涌通道尖端颗粒的受力分析［式（2.6）］，可计算在一定的尖端渗透坡降情况下，该方向上可以起动的土颗粒的最大粒径值 d_c。结合土体级配曲线，如图 2.3 所示，即可得到该方向上被渗透水流侵蚀带走的颗粒重量百分比 P_c。

考虑侵蚀发展过程中土体-渗透水流的耦合作用，管涌通道尖端部分颗粒被带走后，必然改变管涌尖端土体的孔隙度并使其局部级配粗化，通道尖端的渗透系数也会因此改变。在一定尖端水力梯度作用下，尖端渗透流速也随之增大，从而可能会侵蚀带走更多的土颗粒。因此，在管涌通道尖端发展中要确定尖端发展方向上当地孔隙度的变化：

$$n' = n_0 + P_c(1 - n_0) \qquad (2.12)$$

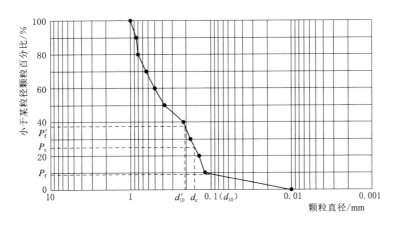

图 2.3　土体级配曲线

式中：n' 为侵蚀后的孔隙度；n_0 为初始孔隙度；P_c 为被侵蚀颗粒的重量百分比。

同时，由于 P_c 的细小颗粒被侵蚀带走，管涌尖端的土体级配粗化，d_{10} 也应随之更新。以 d'_{10} 表示侵蚀发生后土体粗化的 d_{10}，p'_f 表示在初始土体级配曲线上 d'_{10} 所对应的土体百分比，p_f 表示 d_{10} 对应的土体百分比，那么，d'_{10} 的确定可结合图 2.3。

$$\frac{p'_f - p_f}{100 - p_f} = 0.1 \tag{2.13}$$

那么

$$p'_f = 10 + 0.9 p_f \tag{2.14}$$

这样，即可结合图 2.3，确定局部土体被侵蚀粗化后的 d'_{10}。同理，根据式（2.13）和式（2.14）的方法，并结合图 2.3，可以计算得到在一部分细颗粒被侵蚀后，任意百分比数所对应的新的颗粒粒径大小，也就是土体粗化后新的级配曲线。

根据式（2.9），管涌通道尖端的局部渗透系数 k 也随侵蚀后土体粗化及孔隙度增大而改变，导致渗透水流作用力 f_s 的增大，造成更多土体颗粒被侵蚀带出。土体与渗透水流作用的耦合过程见图 2.4，直到渗透水流作用力 f_s 的增大已不可能再带走更大的颗粒时，耦合过程结束。最终该方向上被侵蚀带出的土颗粒量 p_{max} 为 d_{max}（可被侵蚀的最大土颗粒粒径）在初始级配曲线（图 2.3）中所对应的百分数。

在对管道尖端各个可能发展方向上的土颗粒进行受力分析计算和土体-渗透水流耦合计算后，得到各个方向上的最终侵蚀量。根据 2.2.2 节讨论

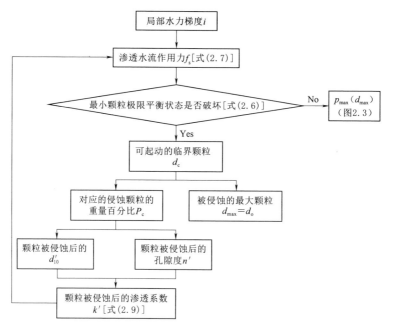

图 2.4　被侵蚀土体与渗透水流作用耦合过程图

　　的确定通道发展方向的方法，最大侵蚀量方向即为最终管涌通道前进发展的方向。

　　但是，在确定当侵蚀发展到何种程度时，仍需将管涌通道尖端被侵蚀土体破坏变为管涌通道的一部分。本书以临界孔隙度为判别依据，认为当通道尖端土体被侵蚀至孔隙度大于临界孔隙度数值时，管道尖端即发生破坏。当土体被侵蚀，但最终孔隙度仍没有达到临界孔隙度，即认为虽然一部分细颗粒被带出，但是不足以破坏土体结构，管涌不会发生或继续发展。临界孔隙度的确定将在 2.3 节模型闭合中讨论。

　　侵蚀后的孔隙度 n'［式 (2.12)］是由初始孔隙度 n_0 和侵蚀量 P_c 决定的。之所以不选用 P_c 作为侵蚀破坏判断依据，而以孔隙度判断破坏，是因为对于同一土体，其级配一定，但压实度不同时，孔隙度却不同。若将土体视为由土骨架和骨架中的散粒共同组成，那么对于无黏性土来说，其松散堆积状态下，孔隙度最大，此时支撑土体结构并作为骨架部分的颗粒最多，散落在骨架中的细颗粒最少。因此，此时渗流作用力很容易带走细颗粒并继续侵蚀作为骨架部分的颗粒，从而发生侵蚀破坏。反之，当土体压实程度较高，自身孔隙度较低时，则渗流作用力需要带走更多土颗粒才能造成骨架部分的破坏。Tomlinson 等（2000）的研究指出，土体中细颗粒被侵蚀带出，会造成土体整体的沉降，说明细颗粒的侵蚀会造成土体原有结构的改变和破坏。因此，本书选用临界孔隙度作为判断渗流侵蚀破坏的依据，可以反映出同一土体不同密实度情况下管涌侵蚀发生的难易程度。

因管涌通道在贯穿上下游之前，管涌通道内的流量并不大。因此，本书对于管涌前进发展过程中管道水流对管壁的剪切侵蚀冲刷并未考虑，仅考虑通道尖端的侵蚀。在整个模拟过程中，管涌通道的横截面尺寸为固定的。

2.2.4 管涌通道前进速度

管涌尖端土体颗粒被水流侵蚀带走的速率决定了管涌尖端前进发展的速率。尽管挟沙力的概念在明渠流动和地面径流中已有系统的研究，但有关渗流中的泥沙输移研究还十分有限。目前大多数的土体侵蚀率方程都是基于表面侵蚀公式，即过量剪切力公式。一些土体内部侵蚀研究也是将多孔介质概化为毛管模型然后采用表面侵蚀公式。但这样做的缺点就是毛管模型与多孔介质原型在一些土体性质参数上的等效化难以验证，如孔隙度、渗透系数，以及这些参数的等效化是否可以同时实现。且以表面侵蚀公式及侵蚀系数确定土体内部侵蚀的侵蚀率已被 Reddi 等（2000）通过试验验证发现并不合理，内部侵蚀与表面侵蚀相比侵蚀率明显较小，因为内部侵蚀涉及颗粒的沉积与阻塞问题。一些研究者（Fox et al.，2007；Fox et al.，2010；Midgley et al.，2013）随后提出了基于过量渗透流速的侵蚀率公式：

$$E_s = K_3(u - u_c) \tag{2.15}$$

式中：E_s 为侵蚀率（单位面积的土体侵蚀量）；K_3 为侵蚀系数；$u = ki/n$ 为渗流流速，i 为当地水力梯度；u_c 为渗流流速对应的临界值。

确定侵蚀率后，结合式（2.15），可计算得到在给定时间内（Δt），管涌通道尖端沿着发展方向所前进的距离，同时管涌通道尖端被渗流侵蚀破坏的范围 ΔL 也可以由下式得到：

$$\Delta L = \frac{E_s \Delta t}{p_{max}(d_{max})(1-n)} = \frac{K_3(u-u_c)}{p_{max}(d_{max})(1-n)} \Delta t \tag{2.16}$$

式中：p_{max} 为根据粒径级配曲线得到的最终被侵蚀的颗粒重量百分数。

同理，给定前进距离，可由式（2.16）计算得到所需的发展时间。

至此，管涌动态发展模型已建立。

2.3　模型闭合

在管涌动态发展模型的建立中，使用了若干个参数，需要在此讨论以确定其取值。

2.3.1　渗透系数的确定

在 2.2 节所建立的管涌动态发展模型中，渗透系数 k 为标量，这仅适用于各向同性的土体中，其各个方向的渗透系数均相同。

然而，天然土体由于沉积与压实过程，土体性质通常呈现各向异性。如覆盖层的沉积作用及压力使得颗粒以面积最大的一面平行于沉积面，这样，就在沉积面方向产生了与其他方向不同的流动通道，从而使介质变为各向异性。虽然土体孔隙度是个标量，但是 Jing 等（2008）的研究指出由于土体孔隙结构的各向异性，而使土体性质呈现各向异性。

现有的管涌侵蚀研究大多将土体设为均质、各向同性的。忽略土体各向异性的影响，对于计算管涌侵蚀发展的难易程度和侵蚀速率都会产生影响。本书中假设土体为均质的，但是考虑其各向异性。在二维问题的各向异性介质中，土体渗透系数以张量形式表示：

$$K = \begin{bmatrix} k_x & k_{xy} \\ k_{yx} & k_y \end{bmatrix} \tag{2.17}$$

本书中，假设 x、y 方向为主方向，此时 $k_{xy} = k_{yx} = 0$。其他方向上的渗透系数则可利用 Mohr 应力圆进行求解，对于任意方向上渗透系数 K_θ［式（2.18）］的求解，如图 2.5 所示，其中，θ 为该方向与水平向的顺时针夹角。

$$K_\theta = \begin{bmatrix} k_{xx} & k_{xy} \\ k_{yx} & k_{yy} \end{bmatrix} \tag{2.18}$$

然而，本书模型在考虑侵蚀过程中土体-渗透水流的耦合作用时，采用了式（2.9）来表示渗透系数 k，该结果是一个代表在一

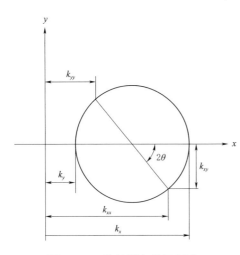

图 2.5　二维问题中利用 Mohr
圆求解渗透系数

定孔隙度情况下土体水力传导能力的标量数值。为了建立张量 K 与标量 k 之间的关系，本书采用了土体渗透系数空间变异性的研究（Gutjahr et al.，1978；Jang et al.，2011；Landau et al.，1960）中定义的当量渗透系数 k_{eq} 的概念。在二维问题中，当量渗透系数 k_{eq} 表示为水平向和垂直向渗透系数的几何平均数。因此，本书将式（2.9）表示的渗透系数 k 视为当量渗透系数 k_{eq}，得到它与张量 K 中水平向、垂直向渗透系数的关系：

$$k = \sqrt{k_x k_y} \tag{2.19}$$

式（2.19）中，k_x 和 k_y 的关系则反映了土体各向异性的程度。随机渗流问题的研究（Ahmed，2013；Dmitriev et al.，2005；Griffiths et al.1998）中，考虑土体的空间非均匀性，通常以土体水平向和垂直向相关长度的比值来表示土体各向异性的程度。较大的相关长度意味着该方向上的渗透性较好。Beckwith 等（2003a、2003b）则以水平向渗透系数与垂直向渗透系数比值的对数值来表示渗透系数的各向异性。本书也采用水平向与垂直向渗透系数的比值 ζ 来表示土体各向异性的程度，且因本书将土体视为均质性土体，因此各向异性比值在空间各点处为常数：

$$\zeta = k_x / k_y \tag{2.20}$$

结合式（2.19）和式（2.20），有

$$k_x = \sqrt{\zeta} \cdot k \tag{2.21}$$

$$k_y = k_x / \zeta \tag{2.22}$$

将式（2.8）、式（2.9）、式（2.19）和式（2.20）代入式（2.7），可以得到颗粒在水平向与垂直向所受到的渗流作用力表达式：

$$f_{sx} = \sqrt{\zeta} \cdot 1219.9 \cdot C_p \cdot 3\pi \cdot \mu \cdot d \cdot d_{10}^{1.565} \cdot \frac{n^{1.3475}}{(1-n)^{1.565}} \cdot i_x \tag{2.23}$$

$$f_{sy} = \frac{1}{\sqrt{\zeta}} \cdot 1219.9 \cdot C_p \cdot 3\pi \cdot \mu \cdot d \cdot d_{10}^{1.565} \cdot \frac{n^{1.3475}}{(1-n)^{1.565}} \cdot i_y \tag{2.24}$$

2.3.2 经验确定参数

（1）颗粒间摩阻系数 f_f。对管涌尖端土体颗粒的侵蚀受力分析中，涉及土体颗粒受到渗透水流作用力情况下离开原有土体结构时，周围土颗粒对其的摩阻力。根据摩阻力的定义，它的大小与摩擦接触表面的粗糙度相关。而对于土颗粒而言，它们相互之间的摩阻力则与颗粒的形状有较大联系。Lambe 等（1979）曾对不同土体的颗粒间摩擦力进行过相关研究，发现土颗粒形状会对颗粒间摩擦系数产生影响，片状颗粒如云母，就与一般砂土颗粒的粒间摩擦系数不同。通过对若干种土样的研究，最终得到不同土体性质所对应的颗粒间摩阻力取值范围。对于本书模型所研究的以发生管涌的砂土类，其颗粒间摩阻力一般取值 $0.3\sim0.4$。本书模型取 $f_{\mathrm{f}}=0.35$。

（2）土颗粒形状系数 C_{s}。C_{s} 为计算土颗粒自重［式（2.10）］时所需的颗粒形状系数。它从某种程度上与土体颗粒的圆度有一定相关。因式（2.10）对颗粒自重的计算将其视为球体结构，而实际土颗粒形状是有棱角的多面体结构，因此 C_{s} 也应为一个接近 1 的数值。Sellmeijer 等（2011）通过对 Van Beek 等（2011）的若干组不同砂样的室内管涌试验数据进行分析后认为，土颗粒圆度的区别对于管涌侵蚀的影响较为次要。因此，对于该系数本书不再率定，模型计算统一选取 0.8。

（3）侵蚀相关系数 K_3。有关式（2.15）中侵蚀率系数 K_3 主要决定了管涌通道前进发展的速度，该系数比较难以直接测量获取，Midgley 等（2013）和 Fox 等（2007）将侵蚀率 E_{s} 定义为质量流量，根据现场试验给出了 K_3 的经验区间为 $70\sim1700\mathrm{g/L}$。本书以一般土颗粒密度等于 $2560\mathrm{kg/m^3}$ 进行换算，则 $K_3=0.027\sim0.66\mathrm{m^3/m^3}$。模型选取 $K_3=0.3$。

（4）管涌通道形状尺寸。周晓杰（2006）及 Van Beek 等（2014）的试验中，均观察到管涌通道在发展过程中其通道截面为宽浅型，且其深度

图 2.6　管涌通道形状概化

始终保持不变。但是，由于管道边壁的坡度在试验中很难具体测量，为了简化起见，本书模型将管涌通道形状概化为固定尺寸的矩形（图 2.6），以垂直边壁代替一定坡度的斜边，矩形的高度（对应管道深度）和宽度（对应管道宽度）根据模拟对象而定。

（5）流量修正系数 $K_{3\mathrm{d}}$。本书模型是二维数值模型，但在进行渗流域和管流域耦合计算时，管流域的边界水头根据管流理论计算需要有真实的三维流量。本书模型将宽浅型的管涌通道概化为矩形形状，如图 2.6 所示。其中，实线代表通道真实截面，虚线代表模型概化截面。在进行边壁入渗量计算时，二维模型计算得到的是侵蚀管道中心线上的管道上、下表面及尖端入渗量，并以此为矩形通道上下表面的单位入渗量来计算管道流量。

根据实际管道的断面情况，其中心线上的入渗量为最大入渗量，以此

作为单位入渗量必然高估了管道内的总体流量。且以矩形断面概化截面形状本就存在误差。因此，需要对计算的管道流量进行修正。其系数应为小于1的数值，本书模型取 $K_{3d}=0.8$。

总结经验确定参数见表2.1。

表 2.1　　　　　　　　　　经 验 确 定 参 数

参数	颗粒间摩阻系数 f_f	颗粒形状系数 C_s	侵蚀系数 K_3	流量修正系数 K_{3d}	管涌通道尺寸
参数值	0.35	0.8	0.3	0.8	视具体情况确定

2.3.3　试验率定参数

（1）孔隙形态系数 C_p。在计算渗流作用力的式（2.7）中，有参数 C_p 需要确定。C_p 为土体孔隙几何形状与颗粒周围流线形态的比值。对于一个处于无限流体中的圆球来说，C_p 可取到极限值1。那么在多孔介质结构中，C_p 应为一个小于1的数。对于试验土样的孔隙结构，无法准确判断，因此，该参数的取值应通过试验率定。

（2）土体各向异性程度比值 ζ。通常沉积物因其沉积方式而往往使得其沿某个方向的渗透性大于沿其他方向上的渗透性。除去倾斜岩层外，一般水平方向的渗透性较大。Muskat（1937）曾列举过65个砂样，其中三分之二以上的样品平行层面比垂直层面方向的渗透率大，它们的比值通常在1~42。但是，不同土样或同种土样的不同压实度之间，其土体各向异性比值也各不相同。因此，本书对土体各向异性情况的考虑以常见情况为主，即水平向渗透系数大于垂直向渗透系数，各向异性程度比值大于1。具体的土体各向异性程度取值应根据具体土样情况设定。在使用管涌动态发展模型来进行数值模拟时，如有具体的土体各向异性程度参数则可以直接采用，但资料缺乏时需要通过试验率定。

（3）临界孔隙度 n_c。本书数值模型以临界孔隙度作为判断管涌通道尖端土体是否破坏、形成管涌通道的依据。具体临界孔隙度的选取视土体不同而不同。自然界中的土体如果以最松散的状态堆积会达到它的最大孔隙度。对于无黏性土，在一定的土体级配曲线和土颗粒形状情况下，它无法组成超越其临界孔隙度的土体结构。因此，本书在数值模型模拟中，均将临界孔隙度取为该土体最松散状态的极限孔隙度，也就是最大孔隙度。但当资料缺乏时，则需要对临界孔隙度的取值进行率定。

2.4　数值求解

为了解决有限元方法在进行大变形、动边界问题求解时会发生网格扭曲且需网格重构的问题，Nayroles 等（1992）首先提出了无单元法；Belytschko 等（1994）将其改进并应用于裂缝计算领域；随后，寇晓东（1998）应用无单元法追踪拱坝的结构开裂；周晓杰（2006）又将无单元法应用于渗透变形问题的模拟研究中。无单元法以滑动最小二乘法为基础，基于函数逼近近似而非插值。其近似场函数的建立与网格相互独立，且在全域高阶连续。因此，无单元法在模拟管涌动态发展的过程有较大的优势：

（1）在模拟管涌通道发展时，渗流域和管流域的共同边界是不断变化的。无单元法积分子域与网格节点相互独立的特点使得它可以很好地解决渗透变形破坏过程中管流域与渗流域边界变化的问题。可以通过对节点增、减和修改实现计算域的变化，而不必修改原始划分好的网格。

（2）管涌通道的动态发展模拟需要精确的管涌通道尖端局部流场信息。而无单元法计算节点与积分子域相互独立，可以实现局部节点的加密，得到更精确的管涌通道尖端流场，为尖端颗粒的侵蚀和侵蚀发展方向的判定提供了有力基础。

本节主要参考 Belytschko 等（1994）、寇晓东（1998）以及周晓杰（2006）关于无单元法的研究成果，应用无单元法进行管涌动态发展过程的模拟。

2.4.1　无单元法的理论基础

无单元法的基本核心是采用滑动最小二乘法（MLS）来近似一个给定的场函数 $u(X)$，所谓滑动最小二乘法即加权最小二乘法：

$$G_u(X) = \sum_{i=1}^{n} n_i(X) u_i \tag{2.25}$$

式中：$X = (x, y)^{\mathrm{T}}$ 为场点；$n_i(X)$ 为节点 i 的形函数在 X 处取值；$G_u(X)$ 为 $u(X)$ 的近似函数；$u(X_i) = u_i (i = 1, 2, \cdots, n)$ 为 n 个已知点。

其中，形函数 $n_i(X)$ 的表达式为

$$n_i(X) = w_i(X) \sum_{j=1}^{m} c_{ji}(X) \tag{2.26}$$

$$c_{ji}(X) = \frac{p_j(X, X) p_j(X_i, X)}{b_j(X)} \tag{2.27}$$

$$b_j(X) = \sum_{i=1}^{n} w_i(X) p_j^2(X_i, X) \tag{2.28}$$

式中：$w_i(X)$ 为权函数；p_j 为正交基函数，对基函数的正交化可提高计算效率和计算精度。

权函数的选取关系到计算的精度和费用，应遵从以下原则：

（1）权函数在计算域内必须非负且连续可导。

（2）任一点的权函数必须在自身处取最大值，且其取值随着距离的增加而减小直至为零（相应的距离即为影响半径），以减小计算量。

寇晓东（1998）提出了如下形式：

$$w_i = \begin{cases} \dfrac{r_{mi}^2}{r_i^2 + r_{mi}^2} \left(1 - \dfrac{r_i^2}{r_{mi}^2}\right)^4 & (r_i < r_{mi}) \\ \\ 0 & (其他) \end{cases} \tag{2.29}$$

式中：r_i 为估值点 X 距离节点 i 的距离；r_{mi} 为节点 i 的影响半径。

周维垣等（1998）针对影响半径提出了如下的估算方法：

$$r_{mi} = \sqrt{\frac{\alpha n}{\pi c}} \tag{2.30}$$

其中，如果计算采用的是线性基函数，$n = 3$；c 为节点密度；α 为系数，取值范围为 $4 \sim 6$。

2.4.2 无单元法在渗透变形计算中的应用

为求解全域各节点上的水头，根据变分原理，式（2.3）可表示为

$$[K]\{H\} + \{F\} = 0 \tag{2.31}$$

其中，$[K]$ 为系数矩阵：

$$[K] = \iint_{\Omega} [B]^{\mathrm{T}}[k][B] \mathrm{d}\Omega \tag{2.32}$$

$$K_{ij} = \iint_{\Omega} \left(k_x \frac{\partial n_i}{\partial x} \frac{\partial n_j}{\partial x} + k_y \frac{\partial n_i}{\partial y} \frac{\partial n_j}{\partial y}\right) \mathrm{d}\Omega \tag{2.33}$$

$$F_i = \int_{\Gamma_2} q n_i \mathrm{d}\Gamma \tag{2.34}$$

$$[k] = \begin{bmatrix} k_x & 0 \\ 0 & k_y \end{bmatrix} \tag{2.35}$$

$$[B] = \begin{bmatrix} \dfrac{\partial n_1}{\partial x} & \dfrac{\partial n_2}{\partial x} & \cdots & \dfrac{\partial n_m}{\partial x} \\ \dfrac{\partial n_1}{\partial y} & \dfrac{\partial n_2}{\partial y} & \cdots & \dfrac{\partial n_m}{\partial y} \end{bmatrix} \tag{2.36}$$

式中：$n_i(i=1,2,3,\cdots,m)$ 为形函数。

在求解上述整体平衡方程时，因为形函数 n_i 没有显式表达式，式（2.32）需采用数值积分的形式求解。周晓杰（2006）采用了高斯积分，将渗流域划分为若干个子域，每个三角形子域内采用 7 节点高斯积分，可满足计算的精度要求。

根据式（2.25），计算域内任一点的水头可以表示为

$$H(x,z) = [N(x,z)]\{H\} \tag{2.37}$$

其中

$$N(x,z) = (n_1, n_2, \cdots, n_{m(x,z)}) \tag{2.38}$$

$$H = (H_1, H_2, \cdots, H_{m(x,z)})^{\mathrm{T}} \tag{2.39}$$

式中：$N(x,z)$ 为形函数矩阵，形函数 n_i 可由式（2.26）求得；$m(x,z)$ 为待求值点影响域范围内影响点的个数。

那么，对应点水力坡降即可表示为

$$\begin{Bmatrix} i_x(x,z) \\ i_y(x,z) \end{Bmatrix} = \begin{Bmatrix} \dfrac{\partial H(x,z)}{\partial x} \\ \dfrac{\partial H(x,z)}{\partial z} \end{Bmatrix} = \begin{bmatrix} \dfrac{\partial n_1}{\partial x} & \dfrac{\partial n_2}{\partial x} & \cdots & \dfrac{\partial n_{m(x,z)}}{\partial x} \\ \dfrac{\partial n_1}{\partial z} & \dfrac{\partial n_2}{\partial z} & \cdots & \dfrac{\partial n_{m(x,z)}}{\partial z} \end{bmatrix} \begin{Bmatrix} H_1 \\ H_2 \\ \cdots \\ H_{m(x,z)} \end{Bmatrix} \tag{2.40}$$

2.4.3 无单元法追踪管涌通道动态发展的实现方法

2.4.3.1 管流域与渗流域的耦合计算

前面章节已经提到，在模拟管涌通道的动态发展时，将整个计算域划

分为渗流域和管流域，并分别对两域采用不同的物理方程。利用无单元法进行管涌动态发展模拟的好处就在于计算节点与积分子域相互独立，因此可以实现计算过程中管流域与渗流域边界随管涌发展的变化。两个计算域的主要变化其实也就是管涌通道的形成与发展。因此模型的节点布设通常在可能发生管涌的区域进行双倍加密，如二元堤基管涌的模拟就会把堤基的节点布设设置为上密下疏的模式，如图2.7所示。

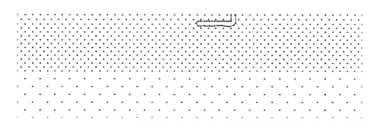

图2.7　节点布置示意图

两个区域在共同的边界上应满足以下条件：①边界上水头信息相同；②对于两个计算域来讲，通过边界的渗流量大小相等、方向相反。在上述两个基础条件下，即可进行耦合计算：

（1）计算开始时，在下游管涌出口处预设点作为管涌发生点，通过渗流计算得到该点的初始水力信息，判断管涌侵蚀是否发生。发生管涌后，每一步计算开始时，先假设已形成的管涌通道边界水头全部等于管涌出口处水头 H_0。

（2）将 H_0 作为渗流域的管道边界水头条件，结合其他已知边界条件，根据2.4.2节的无单元方法求解渗流域全域水头信息 H_Ω 以及其管道边界流量信息 Q_1。

（3）根据第（2）步计算的管道边界入渗流量 Q_1，由式（2.2）计算管道边界水头分布 H_1。

（4）将管道内水头 H_1 与初始假定的 H_0 相比较，如果其误差超过允许范围，则以 $H_0' = (H_0 + H_1)/2$ 作为管涌通道边界水头重新代入第（1）步进行计算。

（5）重复第（1）～第（4）步，直至 H_0 与 H_1 的误差达到允许误差范围之内，得到全域的水头分布。

注：如果在计算过程中，第（1）步的管道边界水头可根据上一步计算的管道水头作为预设值。

2.4.3.2　管涌通道尖端节点加密技术

管涌动态发展模型对管涌尖端的渗透坡降要求较高，因为管涌通道的发展方向、尖端侵蚀是否发生以及尖端发展速度的计算都需要精确的尖端水力坡降。无单元法与有限元法相比优势在于计算节点与积分网格相互独立，这样在管涌发展过程中不需要每步都重建网格，可以方便地删除和增加节点而不必更改初始划分好的积分子域。因此也方便了在管涌通道尖端加密节点来提高尖端水力坡降的计算精度。

　　首先需要确定管涌通道尖端加密节点的范围。因为加密节点的目的是提高管涌尖端渗透坡降的计算精度，因此加密范围可以设定为以管涌尖端点为圆心的圆形区域。该区域的大小不必过大，这样会增加计算负担，但是过小又无法满足精度要求。考虑到无单元法计算中的影响半径，这个范围取在和影响半径同级的大小比较合适。因为范围过大则远处加密点影响不到尖端范围计算结果。可设：

$$R_t = \beta r_m \tag{2.41}$$

式中：r_m 为影响半径；β 为经验系数，取值范围为 0.5～1.5（周晓杰，2006），本书模型中均取 0.75。

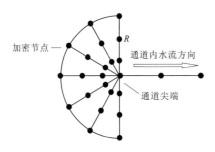

图 2.8　半圆区域辐射状节点加密
示意图（周晓杰，2006）

周晓杰（2006）采用了管道尖端半圆区域内的辐射状节点加密形式，如图 2.8 所示。该方法通过环向的分割份数和径向的节点数控制尖端节点加密密度。但是该方法会造成节点密度分布不均，只考虑了径向上的均匀分布，却造成环向上靠近尖端侧点距十分小但是远离尖端处却间距过大。尖端节点过密且分布不均在计算中会出现管涌通道发展过程中尖端水力梯度不稳定甚至正负改变的情况，造成周晓杰（2006）的模拟出现管涌通道发展过程中停止的现象；而实际上这种现象的出现并非由于管涌通道发展的物理机制导致，而是算法的奇异点出现所导致的数值假象。此外，虽然管涌通道的发展不会折返向后，但是尖端后侧节点的水头依然会影响到尖端渗透坡降的计算，尤其是尖端后方即为管涌通道，通道的存在会对周围流场影响较大。因此只加密尖端前侧半圆区域内的节点也需改进。此外，周晓杰（2006）的模型虽然采用管流域与渗流域的耦合方法，但其管流域仅为管涌通道发展路径的一条线，并非真实的管涌通道。也就是说，其耦合计算始终都在渗流域中进行，为假耦合。

　　本书将以管涌通道尖端点为圆心以 R_t 为半径的圆形区域内进行节点加密，密度为加密前的 3 倍。加密节点的布设考虑径向与环向采用同样的节点距离，如图 2.9 所示。具体方法为将径向距离 n 等分，每段间距即作为节点间距 d_n。在环向上，分别以 $d_n \sim nd_n$ 为半径，每一环都从尖端后方管道中轴线处开始以逆时针进行节点的布设，间距同样为 d_n。这样，每一环最后一个节点与第一个节点的间距可能会有偏差，因为圆周长不一定是 d_n 的整数倍。但是由于处于管道中的加密节点本就需要删除，因此可以忽略这个偏差。以图 2.9 的加密方法计算尖端水力坡降，结果稳定了很多，没有再出现

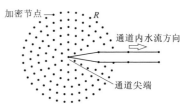

图 2.9　完整圆区域均匀
节点加密示意图

数值正负改变的奇异点。且本书模型的管涌通道为真实存在的管涌通道，水头耦合的计算在管流域与渗流域的共同边界也就是管涌通道的边界上进行。

　　对管涌通道尖端节点进行的加密的原因是为了更加准确的计算管涌通道尖端的水力坡降。从而使管涌通道尖端颗粒侵蚀的分析以及管涌通道发展方向的判定更加准确。由于本书模型在每一步的计算中，是通过对比管涌通道尖端不同发展方向上的颗粒被侵蚀量的大小来确定管涌的发展方向。因此，需要在管涌通道尖端确定可能的发展方向并对每个方向上的颗粒进行受力分析。

　　图 2.10 为管涌通道发展方向确定示意图。由于管涌通道将始终朝侵蚀量最大的方向走，即土体最容易被侵蚀的方向将会是管涌通道下一步的发展方向。而渗流场的水力分布特点也决定了管涌通道的发展方向只能朝渗流的相反方向——上游方向发展。因此，很难出现下一步的发展方向与上一步方向转角大于 90°的情况，也就是说管涌通道不会折返发展。这样搜索区域可锁定在与已形成的管涌通道尖端段垂直的 180°范围之内，如图 2.10（a）所示。而对于管涌初始侵蚀方向的确定，如图 2.10（b）所示，将搜索范围确定在下游薄弱点所在平面土体侧的 180°范围之内。在半圆搜索区域内，可将其平分为 n 份，确定 $n+1$ 个搜索方向，计算每个方向上的水力坡降，由各个方向上的颗粒受力情况分析来判断管涌的下一步发展方向（见 2.2.2 节）。

　　n 取值越大，理论上确定的管涌发展方向越精确。但方向太密集会

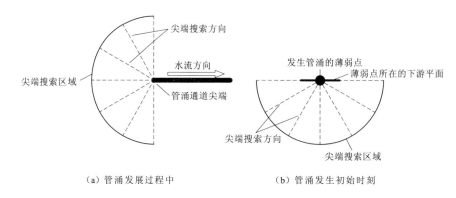

（a）管涌发展过程中　　　　　　　（b）管涌发生初始时刻

图 2.10　管涌通道发展方向确定示意图

导致计算量的增大，且无单元算法的基本原理决定了尖端水头值的计算本身会存在一定的误差，方向太过密集也无法对方向判断精度的提高有帮助。本书中 n 取 36，即 5°一个搜索方向，已满足模拟管涌动态发展的需要。

确定的若干个管涌可能发展向后，结合 2.2.1 节的土体颗粒受力分析，在一定的尖端当地水力梯度条件下，土体颗粒被侵蚀最多的方向即为管涌下一步的发展方向。

2.4.3.3　管涌通道尖端水力坡降计算

在对管涌通道尖端确定的若干个可能发生管涌的方向进行每个方向的水力梯度计算时，由于管道的尖端点是渗流区与管流区的交界点，计算该点的水力坡降容易引起奇异。因此，本书在对每个方向分别计算渗透坡降时，均取该方向上与尖端点距离为 $0.5d_n$ 的点的渗透坡降来代替尖端点在该方向上的渗透坡降，d_n 为尖端加密点的间距。

2.4.3.4　半固定时间步长方法

在管涌发展模型中，对步长方法的确定需要兼顾管涌通道前进发展的特点：一是初期发展缓慢，接近上游过程速度逐渐加快；二是在设置悬挂式防渗墙算例中，防渗墙附近的管涌通道侵蚀发展需要设置较短步长以确保模型模拟的准确性。

一般模型中引入时间的方法多为两种：第一种方法是固定空间步长求时间；第二种方法是固定时间步长求空间距离。第一种方法可以很好的兼顾空间节点密度及计算精度的问题，不会出现空间步长过短甚至低于节点布设密度的问题，同时也不会出现步长过长而造成管涌通道发展形态模拟的不精确。例如在计算防渗墙算例时，在防渗墙附近步长应设置的较为精细保证计算结果可靠。因为防渗墙附近的流场受其影响变化较为明显，只有步长设置精细才能保证能体现出管涌通道发展过程中侵蚀发生、发展速率受防渗墙影响的变化。但管涌通道在不同位置的发展速度不同，在接近上游时发展较快，如以同样的步长计算又会造成计算效率不高。第二种方法可以很好地反映出管涌发展速度的变化，但是少了步长的约束同样会出现步长过长而难以保证模拟计算的可靠性。

为了兼顾计算效率及模拟可靠性，本书采用了半固定时间步长方法。所谓半固定时间步长方法，也就是固定时间步长与固定空间步长相结合的方法。首先固定时间步长 Δt，但同时设定空间步长的最大、最小值，ΔL_{max} 和 ΔL_{min}。ΔL_{max} 和 ΔL_{min} 的确定则需根据算例的节点布设密度以及防渗墙的尺寸（如深度）等确定。当管涌发展速度过快，在固定步长内超过了 ΔL_{max}，则该步采用固定空间步长 ΔL_{max}，以空间步长反算发展时间。同理，当管涌发展速度过慢在 Δt 内也未达到 ΔL_{min}，则该步以 ΔL_{min} 为固定空间步长并以此反算发展时间，从而提高计算效率。

2.5 程序设计

2.5.1 程序概况

本书程序是在周晓杰的程序框架基础上，采用其流场求解模块，加入管涌侵蚀发展物理机制部分，编写了管涌侵蚀发展模块，模拟更加符合真实的管涌发展过程。程序以 Visual Fortran 6.5 平台编写，并利用面相对象技术封装了模型中各个功能模块，具有以下主要特点：

（1）程序适用于二维管涌发展动态过程的模拟与分析。

（2）程序可实现计算过程中计算节点的增加、删除和移动以及实现管涌通道动态边界的自动重新生成，并实现管流域与渗流域的耦合迭代计算。

2.5.2 程序流程图

管涌动态发展过程程序流程如图 2.11 所示。

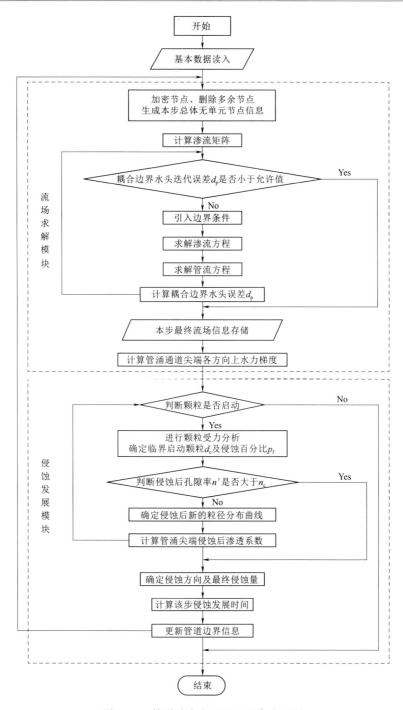

图 2.11　管涌动态发展过程程序流程图

2.6 本章小结

本章主要建立了考虑颗粒侵蚀力学机制与管涌通道尖端破坏机制的管涌通道发展数值模型。

该模型采用管流域与渗流域耦合的方法，对管流域的计算加入管壁边界入渗流量的影响，使模型计算得到的流场水力条件更加准确。

模型从侵蚀发生的力学机制、土体内部侵蚀的侵蚀量、侵蚀速率的确定这三个关键步骤出发，研究管涌侵蚀的细观物理机制。首先从土体内部颗粒侵蚀受力条件角度分析了管涌侵蚀发展过程中土颗粒的侵蚀受力机制，侵蚀的发生不仅仅与渗流作用力相关，与颗粒自重的关系也十分密切；同时，对颗粒受力作用的全面分析可科学的解释管涌通道发展过程中发展方向的改变。基于颗粒侵蚀受力分析，结合土体级配曲线确定侵蚀量，并在此过程中考虑侵蚀过程土体-渗透水流耦合的作用，即局部土体结构被渗透水流侵蚀后，其孔隙度、渗透系数的变化对渗透水流的反馈作用；提出以最大侵蚀量方向为判断管涌通道发展方向的依据，同时引入以土体临界孔隙度作为判别侵蚀破坏的条件，可反映出同一土体在不同密实度情况下侵蚀破坏条件的不同。模型以符合土体内部侵蚀的泥沙侵蚀规律确定管涌通道侵蚀发展的速率，使模型可定量表达管涌通道尖端土体颗粒脱离骨架、被水流携带输移的细观物理机制，同时可预测管涌发展时间。本书模型在管涌侵蚀、发展的各个环节中，都引入了对土体细观参数的考虑，如级配、孔隙度以及渗透系数的考虑，使得模型可以反映土体性质不同对管涌发生、发展影响的差异。

本书模型不同于已有的管涌发展模型将土体视为均质、各向同性介质，而是将土体视为各向异性介质考虑，但为了简化起见，仍做均质假设。因此本书模型可以体现出由于土体渗透系数各向异性程度的不同，而对管涌侵蚀发生、发展所产生的影响，与实际土体各向异性的特征更符合。同时，土体碾压是各种土工建筑物提高其抗渗性的必要手段之一。因此，建立基于各向异性土体的数值模型也为堤基抗渗措施的理论、数值研究打下基础。

此外，本书模型采用已有的无单元算法来模拟管涌动态的发展过程。但对无单元算法的细节技术进行改进，在管涌通道尖端进行全圆区域范围内节点的均匀加密，消除计算过程中出现在管涌通道尖端的水头奇异点，排除了因算法原因对数值模型模拟结果的影响；同时采用半固定时间步长的方法确定方法，使模型可更好适用于设置悬挂式防渗墙案例的模拟，令模拟结果更加可靠。

第3章 模型验证

由于实际工程管涌的发生位置难以预测，过程无法观测，其发展过程的具体数据也难以得到。国内外学者为了增进对管涌发展具体过程的认识，已不断开展了各种小尺度室内试验。力图使管涌发展过程可视化，并监测其发生、发展过程的各种数据，还原管涌的真实发展过程。因此，本章借助不同的室内管涌试验来验证第2章所建立的管涌动态发展模型。为了验证本书模型对不同土体情况下管涌试验模拟的适用性，本书主要选择了国内外三个不同的室内管涌试验对第2章所建模型进行验证。由于目前的室内管涌试验所测的数据项目不同，所给出的试验参数完整度不同，因此本书对不同试验模拟所率定的参数不同，验证的数据项目也有所不同。

本章首先进行了模型参数和模型原理的验证。主要是对模型所建立的土颗粒侵蚀力学机制的验证，验证模型是否可以合理判断不同侵蚀方向上颗粒起动的条件，也就是管涌发生的条件；同时率定模型中使用到的基本参数，如孔隙形态系数。其次对模型中引入的土体渗透系数的各向异性进行验证，通过对同一土体不同压实度、不同各向异性程度情况下管涌发生条件的验证，检验模型对渗透系数各向异性考虑的可靠性。最后对管涌通道发展过程中出口流量过程进行验证，通过对管涌通道尖端、边壁入渗流量总和的比对，检验模型对管涌通道发展过程中渗流-管流耦合计算及管涌通道截面形状概化的可靠性。

本章主体结构如下：3.1节对模型参数和原理进行验证；3.2节进行渗透系数的各向异性验证；3.3节对管涌通道出口流量过程进行验证。

3.1 模型原理和模型参数验证

本节采用周晓杰（2006）的试验对模型的原理和参数进行验证。之所以选择周晓杰试验，是因为其试验设置了有悬挂式防渗墙的工况。悬挂式防渗墙的存在会改变管涌通道的侵蚀发展路径，侵蚀发展方向不同，颗粒受力条件情况也不同。因此，通过有墙和无墙试验的模拟，可以验证模型在对不同侵蚀方向上颗粒侵蚀起动的判断是否可靠；同时检验在有防渗墙工况下，模型对管涌通道发展方向的判定是否符合实际情况。

3.1.1 试验基本情况

周晓杰（2006）的试验模拟是我国堤防常见的二元堤基类型（图 3.1）。试验以透明有机玻璃板代替二元堤基中上层透水性较弱的黏土层，以水下抛撒、定量分层法装填下层透水性较强的无黏性砂样。试验槽长 230cm，宽 80cm，高 80cm，下层强透水层土样高 60cm，上层有机玻璃盖板厚度为 6cm。有机玻璃盖板中线上预设直径为 4cm 的管涌出口，距离上游 145cm。同时，试验还进行了设置悬挂式防渗墙情况下的堤基管涌通道发展模拟，其中，悬挂式防渗墙仍采用有机玻璃板代替，通过改变墙的深度和位置进行了若干组试验。

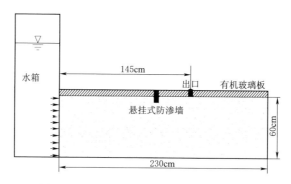

图 3.1 试验装置示意图（周晓杰，2006）

试验用砂为无黏性细砂，基本物理性质见表 3.1，级配曲线如图 3.2 所示。

表 3.1 试验用砂物理性质指标

指标	d_{60}	d_{20}	干密度 ρ_d	比重 G_s
指标值	0.28mm	0.13mm	1.59g/cm³	2.56

3.1.2 模型参数选取

据周晓杰（2006）试验观察，其管涌通道深度在管涌发展过程中大致为 2~4mm，宽度为 3~6cm。本书将其概化为深度为 0.5cm，宽度为 4cm 的矩形断面。

试验在土样装置过程中，采用水下分层抛撒，且在试验装置完成后经

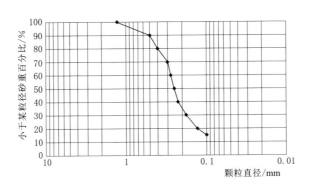

图 3.2 砂土颗粒级配曲线

过了压实沉积的过程，其试样的各向异性比值原文献给出为 3。

最终数值模型采用的参数见表 3.2。渗透系数采用式（2.9）以孔隙度和 d_{10} 的函数进行计算。

表 3.2 数 值 模 型 参 数

参数	颗粒间摩阻系数 f_f	各向异性比值 ζ	孔隙度 n	颗粒形状系数 C_s	管道尺寸 /(cm×cm)	侵蚀系数 K_3	流量修正系数 K_{3d}
参数值	0.35	3	0.4	0.8	0.5×4	0.3	0.8

对土体破坏的临界孔隙度，由于试验本身并未给出其土样的最大孔隙度，因此将通过实验数据进行率定。此外，还有孔隙形态系数 C_p，也需要通过实验数据率定。

3.1.3 数值模拟结果验证

周晓杰（2006）共进行了 6 组试验，分别改变了悬挂式防渗墙的墙深及墙的位置。试验结果见表 3.3。

表 3.3 试 验 结 果

编号	防渗墙深度/cm	防渗墙位置	贯穿破坏临界水头/cm
1	无	无	27.9
2	6	$x=35\text{cm}$	37.5
3	6	$x=110\text{cm}$	52.9
4	12	$x=35\text{cm}$	55.0
5	12	$x=110\text{cm}$	62.3
6	18	$x=110\text{cm}$	80.8

本书首先通过第 1 组和第 3 组试验对参数进行了率定,如图 3.3 所示。当土体孔隙几何形状系数 C_p 及临界孔隙度的大小分别取 $C_p=1.2$,$n_c=0.45$ 时,试验数值与数值模拟数值的吻合度最高,如图 3.3 所示。C_p 大于 1 在合理范围之内。n_c 取值 0.45,该数值也是自然界中大多数无黏性砂的最大孔隙度值。由此认定两个参数取值合理,并以最终率定参数值对第 2、4、5、6 组试验结果进行验证,如图 3.4 所示。

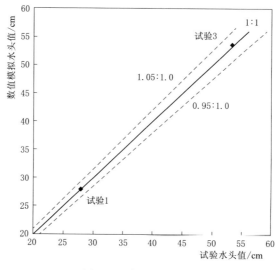

图 3.3　参数率定结果

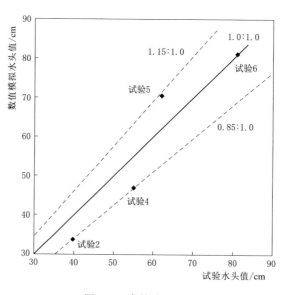

图 3.4　参数验证结果

可以看到，数值模型对无防渗墙和设置防渗墙情况下堤基管涌贯穿破坏水头的计算均与实际试验结果较为符合。说明模型所需参数率定合理，且模型在对不同侵蚀方向上颗粒侵蚀起动的判断也较为准确。

图 3.5 所示为数值模型模拟的上游水头为 54cm 时，管涌侵蚀通道翻越防渗墙并贯穿堤基的管道发展形态（图中浅灰色实线为管涌通道）。可以看到，管涌通道在翻越防渗墙后，又逐渐回到砂土层表面继续向上游发展，这与周晓杰试验的观察现象一致。此外，胡叠（2011）在进行同类试验时通过土槽的透明侧壁观察到有防渗墙工况下的管涌通道发展，在悬挂式防渗墙附近形成了 V 形的空腔。防渗墙下游侧的空腔是由于管道形成后后续的冲刷，上游侧的空腔是管涌通道形成后其上覆土体塌落的结果。本书模型并未考虑管道边壁的冲刷和上覆土体塌落，但图 3.5 的通道发展形态与试验观察到的 V 形空腔的形成较为符合，说明本书模型对管涌通道发展路径方向的判断基本可靠。

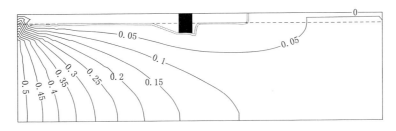

图 3.5　数值模拟的管涌通道贯穿堤基发展形态

3.2　渗透系数各向异性的验证

本书在管涌动态发展模型中引入了土体各向异性比值的参数，可考虑土体渗透系数在不同方向有差异时管涌发生、发展的不同。本节选取了荷兰学者 Van Beek 等（2011）所做室内管涌试验（图 3.6），其采用了不同土体并对每种土体进行不同密实度情况下的室内小尺度管涌试验，且试验资料较为翔实，给出了每组试验土体的基本性质，以及装样的密实度。本书选用了其中两种土样，共计 24 组试验，验证本书模型中对土体各向异性考虑的可靠性。

3.2.1　试验基本情况

Van Beek 的小尺度室内试验土样长度基本在 0.35m 左右，土样高度

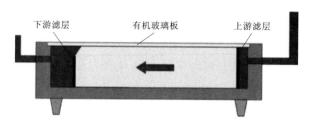

图 3.6　Van Beek 试验装置示意图 （Van Beek et al. ，2011）

均为 10cm，土样宽为 10cm。土样上层以有机玻璃板覆盖便于观察试样情况。试验装样同样采取水下抛撒的方法，并以脉冲振动或碾压的方法对土样进行压实。前一种方法可以使土样相对密实度达到 70%，后一种方法可达到 80%～100%。

试验对多种土样进行了测试，分别将它们以不同的密实度装填在试验槽，并记录其最终发生管涌贯穿破坏的临界的水头，部分相同压实度试验重复两次。

本书选取了 Van Beek 主要测试的两种土样，共计 24 组试验，分别对它们进行数值模拟。两种试验用砂均为无黏性砂，基本物理性质见表 3.4，级配曲线如图 3.7 所示。

表 3.4　　　　　　　　　Van Beek 试验用砂基本物理性质

砂土类型	$d_{70}/\mu m$	d_{60}/d_{10}	最小孔隙度 n_{min}	最大孔隙度 n_{max}
Dekzand Nunspeet	192	2.6	0.284	0.428
Baskarp	154	1.6	0.34	0.469

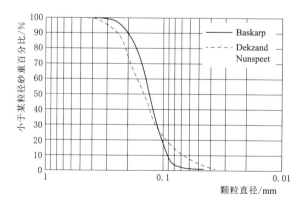

图 3.7　Van Beek 试验用砂级配曲线

3.2.2　模型参数选取

根据试验观察，管涌通道形状同样为宽浅型，模拟中将其形状概化为深度为 2mm，宽度为 1cm 的矩形断面。

因为同为无黏性砂，砂土性质类似，孔隙结构形态、孔隙水流状态相似。因此几何形态系数 C_p 直接选用周晓杰试验的验证值，不再专门率定。

Van Beek 的每组试验都给出了土样的相对密实度 D_r。无黏性土的相对密实度 D_r 在工程中一般用来衡量土体的密实程度，它的最大值 100％和最小值 0％分别对应土体最密实和最松散的两个极限状态：

$$D_r = \frac{e_{max} - e_0}{e_{max} - e_{min}} \tag{3.1}$$

式中：e_{max} 为无黏性土处于最松状态时的孔隙比；e_{min} 为无黏性土处于最密实状态下的孔隙比；e_0 为试样装填的孔隙比。

而孔隙度 n 与孔隙比 e 的换算关系符合：

$$n = e/(1+e) \tag{3.2}$$

式中：e 为土体孔隙比，即土体孔隙体积与非孔隙体积的比值。

Van Beek 试验资料给出了每种土样的最大、最小孔隙度及每组试样装样的相对密实度 D_r，结合式（3.1）和式（3.2），即可得到每组试样装填的初始孔隙度 n_0。

数值模拟中渗透系数采用式（2.9）以孔隙度和 d_{10} 计算得到的结果为准。计算渗透系数见表 3.6。

两种土样不管在何种压实度情况下均以土样的最大孔隙度作为临界破坏孔隙度。

对于试样的渗透系数各向异性比值，本书假定土样在达到最大密实度情况下，即相对密实度为 100％，取最大的各向异性比值 ζ_{max}；相对密实度为零，也就是土样最松散状态下为各向同性土体，$\zeta_{min} = 1$。而对于任意的相对密实度 D_r，本书假定其与土体渗透系数各向异性比值为线性关系：

$$\zeta(D_r) = (\zeta_{max} - \zeta_{min})D_r + \zeta_{min} \tag{3.3}$$

根据每组试验给出的不同相对密实度，其对应的渗透系数各向异性比值计算结果见表 3.6。

对于最大各向异性比值 ζ_{max}，则需要通过试验数据进行率定。

模型最终确定的主要参数见表 3.5。

表 3.5　　　　　　　　　　　数　值　模　型　参　数

参数	颗粒间摩阻系数 f_f	颗粒形状系数 C_s	临界孔隙度 n_c	管道尺寸 /(mm×mm)	侵蚀系数 K_3	流量修正系数 K_{3d}	孔隙几何形态系数 C_p
参数值	0.35	0.8	n_{max}	2×10	0.3	0.8	1.2

3.2.3　数值模拟结果验证

Van Beek 对 Baskarp 和 Dekzand Nunspeet 两种土样进行了共计 24 组试验，其中，Baskarp 土样有 17 组试验，Dekzand Nunspeet 有 7 组试验。土体压实度在 98%～33%，这在工程中属于密实到中密状态的土样。由于每组试样都是重新装样，因而土样的长度并不完全一致，约为 0.34m。每组土样的初始孔隙度由土样的密实度 D_r 计算得到，具体数值以及每组试样最终试验得到的临界贯穿破坏水头 H_c 见表 3.6。

表 3.6　　　　　　　　　小尺度室内试验基本参数及结果

试验编号	砂土类型	L/m	D/m	$D_r/\%$	孔隙度	ζ	$k'/(m/s)$	H_c/m
B23	Baskarp	0.338	0.1	98	0.343	2.47	8.76E-05	0.201
B24	Baskarp	0.338	0.1	97	0.345	2.455	8.89E-05	0.18
B41	Baskarp	0.334	0.1	92	0.353	2.38	9.55E-05	0.161
B40	Baskarp	0.332	0.1	91	0.354	2.365	9.68E-05	0.149
B82	Baskarp	0.336	0.1	85	0.363	2.275	1.05E-04	0.139
B83	Baskarp	0.334	0.1	85	0.363	2.275	1.05E-04	0.139
B54	Baskarp	0.33	0.1	79	0.372	2.185	1.14E-04	0.19
B57	Baskarp	0.33	0.1	75	0.378	2.125	1.19E-04	0.141
B61	Baskarp	0.345	0.1	73	0.381	2.095	1.22E-04	0.122
B55	Baskarp	0.325	0.1	71	0.383	2.065	1.25E-04	0.15
B58	Baskarp	0.345	0.1	70	0.385	2.05	1.27E-04	0.206
B19	Baskarp	0.34	0.1	64	0.393	1.96	1.36E-04	0.122
B84	Baskarp	0.334	0.1	53	0.408	1.795	1.54E-04	0.098
B85	Baskarp	0.336	0.1	53	0.408	1.795	1.54E-04	0.118
B86	Baskarp	0.336	0.1	43	0.420	1.645	1.71E-04	0.098
B87	Baskarp	0.336	0.1	42	0.422	1.63	1.73E-04	0.046
B28	Baskarp	0.335	0.1	37	0.428	1.555	1.82E-04	0.074
D37	Dekzand	0.334	0.1	98	0.288	1.49	3.04E-05	0.28
D38	Dekzand	0.335	0.1	92	0.298	1.46	3.39E-05	0.18

试验编号	砂土类型	L/m	D/m	$D_{\mathrm{r}}/\%$	孔隙度	ζ	$k'/(\mathrm{m/s})$	$H_{\mathrm{c}}/\mathrm{m}$
D39	Dekzand	0.331	0.1	92	0.298	1.46	3.39E − 05	0.15
D31	Dekzand	0.332	0.1	65	0.342	1.325	5.17E − 05	0.19
D32	Dekzand	0.332	0.1	65	0.342	1.325	5.17E − 05	0.149
D33	Dekzand	0.332	0.1	35	0.385	1.175	7.57E − 05	0.092
D34	Dekzand	0.332	0.1	33	0.387	1.165	7.75E − 05	0.078

注 孔隙度根据压实度计算；渗透系数 k' 由式（2.9）计算得到；砂土类型 Dekzand 指 Dekzand Nunspeet。

对 Baskarp 土样的试验结果，根据不同的密实度对应的不同临界贯穿破坏水头绘制如图 3.8 所示。

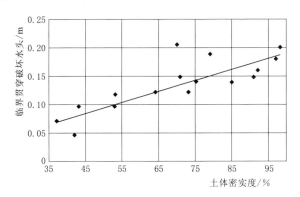

图 3.8　Baskarp 土样试验结果

从试验结果可以看到，随着土体密实度的增大，试样发生管涌贯穿破坏的临界上游水头在增高。

为了率定渗透系数最大各向异性比值 ζ_{max}，本书先选取最大两个密实度的土样对参数进行率定，即 D_{r} 为 98% 和 97% 的两组试样，编号分别为 B23 和 B24，率定结果如图 3.9 所示。

当 ζ_{max} 取 2.5 时，可以看到最大密实度的两组土样模拟结果与试验吻合较好。以 $\zeta_{\mathrm{max}}=2.5$ 对其余 15 组试验进行验证，结果如图 3.10 所示。

可以看到，以 $\zeta_{\mathrm{max}}=2.5$ 对其余 15 组试样进行验证时，验证结果比较理想。仅有三组试样的结果偏离了 15% 的误差范围。这三组试样分别为密实度 D_{r} 为 42%、70% 和 79% 的试样。从试验结果图 3.8 就可看到，这三组试验本身在试验结果上就偏离了点群的主要趋势方向，$D_{\mathrm{r}}=42\%$（试验编号 B87）的试样试验结果偏小，而 D_{r} 为 70% 和 79%（试验编号分别为

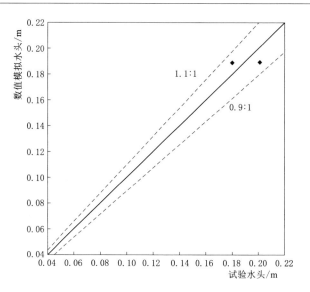

图 3.9 Baskarp 土样参数率定结果

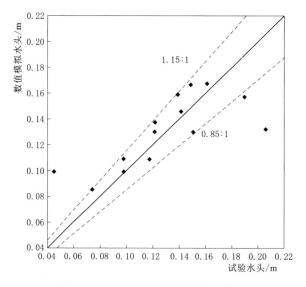

图 3.10 Baskarp 土样参数验证结果

B58 和 B54）的试样试验结果偏高于点群。因而，可以认为这三组试样的试验结果可信度不高。除去可信度不高的结果，其他结果较高的吻合度说明 $\zeta_{max}=2.5$ 这个参数的率定结果较为符合试验的实际情况。

为了比对改变各向异性程度大小对模拟结果的影响，本书还分别计算了当 $\zeta_{max}=2$ 和 $\zeta_{max}=3$ 时的模拟结果，如图 3.11 和图 3.12 所示。

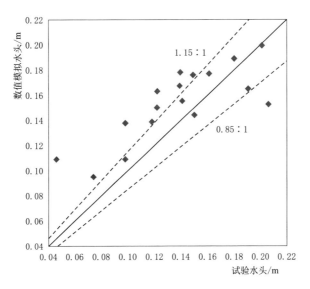

图 3.11 Baskarp 土样 $\zeta_{max}=2$ 时的数值模拟结果

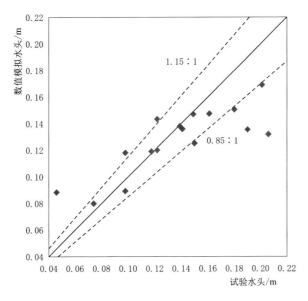

图 3.12 Baskarp 土样 $\zeta_{max}=3$ 时的数值模拟结果

将 $\zeta_{max}=2$ 和 $\zeta_{max}=3$ 对比 $\zeta_{max}=2.5$ 时的结果可以看出，改变最大各向异性比值后模拟结果还是有较大偏差，与试验结果的拟合度最好的还是 $\zeta_{max}=2.5$ 的情况。说明 $\zeta_{max}=2.5$ 最符合试验的实际情况。同时说明以式（3.3）线性差值的方法确定不同密实度所对应的各向异性比值系数基本可靠。

结合图 3.10～图 3.12 可以看出，当 ζ_{max} 取值越大，数值模拟结果整体反而越小。这是因为以上模拟结果是在初始孔隙度 n 一定的情况下，仅改变土体渗透系数各向异性比值情况下进行的。初始孔隙度 n 一样，则由式（2.9）所计算的渗透系数 k 相同。而水平向与垂直向渗透系数 k_x、k_y 则由式（2.19）计算得到，此时 ζ_{max} 取值越大，k_x、k_y 相差越多，则 k_x 越大。且 Van Beek 试验没有设置悬挂式防渗墙，管涌通道始终水平向发展，k_x 增大就导致了数值模拟计算的管涌临界贯穿破坏水头降低。

当 $\zeta_{max}=2.5$ 时，对不同密实度试样模拟所采用的各向异性比值 ζ_{max} 见表 3.6。

对 Dekzand Nunspeet 土样的试验结果，根据不同的密实度对应的不同临界贯穿破坏水头绘制如图 3.13 所示。

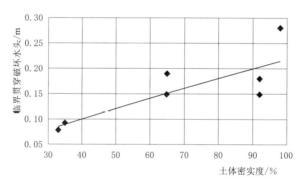

图 3.13　Dekzand Nunspeet 土样试验结果

从试验结果仍可看到与 Baskarp 土样类似的结果，随着土样密实度的增加，发生管涌贯穿破坏的临界上游水头也随之增加。仍然采用最大密实度的土样试样（$D_r=98\%$，试验编号 D37）结果对最大渗透系数各向异性比值 ζ_{max} 进行率定。率定结果如图 3.14 所示。

当 ζ_{max} 取 1.5 时，最大密实度的土样模拟结果与试验吻合最好。然后，以 $\zeta_{max}=1.5$ 对其余 6 组试验进行验证，结果如图 3.15 所示。

从参数验证结果可以看到，数值模拟结果对密实度 $D_r=92\%$ 的两组实验（试验编号 D38 与 D39）拟合结果不好。与图 3.13 所示的趋势线相比，这两组实验数据结果偏低，而最大密实度的试验（试验编号 B23）结果偏高，因而难以判断哪组试验结果可信度更高。同时，本书仍然比较了当 ζ_{max} 取不同值时数值模拟的结果，如图 3.16 和图 3.17 所示。

由图 3.16 和图 3.17 可见，当 $\zeta_{max}=2$ 时，最大密实度试样的模拟临

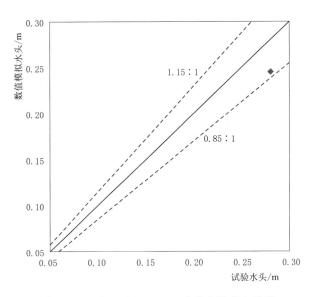

图 3.14 Dekzand Nunspeet 土样参数率定结果

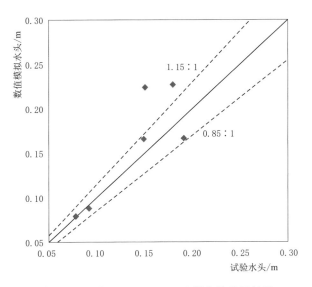

图 3.15 Dekzand Nunspeet 土样参数验证结果

界水头结果偏低，但其他组试样模拟结果较好。如认为最大密实度试样的试验结果不可信，则 $\zeta_{max}=2$ 比 $\zeta_{max}=1.5$ 的模拟结果更接近试验数据；当 $\zeta_{max}=2.5$ 时，整体模拟水头均偏低。

当 $\zeta_{max}=1.5$ 时，对不同密实度试样模拟所采用的土体各向异性比值 ζ 见表 3.6。

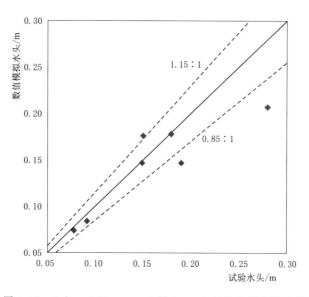

图 3.16 Dekzand Nunspeet 土样 $\zeta_{max}=2$ 时的数值模拟结果

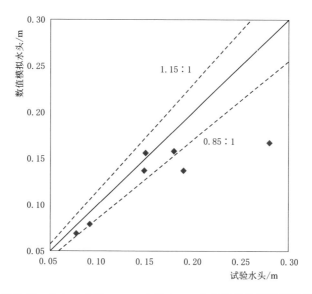

图 3.17 Dekzand Nunspeet 土样 $\zeta_{max}=2.5$ 时的数值模拟结果

从模拟结果可以看到，对于同一种土样来说，密实度越大的情况下，其发生管涌贯穿破坏的临界的水头也越高。数值模型对于不同密实度土样的管涌贯穿破坏临界水头的模拟还是比较符合实际情况的，基本反映了试验数据的趋势。说明本书模型对土体各向异性考虑还是较为可靠的。

对于某些组试验出现较大的偏差，主要是因为本书模型是基于均质土体的。而实际试验中做到完全均质的效果较为困难。所以即使同一土体、同一压实度的不同组试验结果本身就会有偏差，如 D31 和 D32 组试验，模型尺寸、采用土样及土样密实度完全一致，但试验得到的临界水头却有 4cm 的偏差。但是，自然界中土体的真实状态也是非均质且各向异性的，因此，本书的模型仍有一定的局限性。

3.3　管涌通道出流过程验证

Van Beek 的试验数据虽然根据不同土样进行了多组，但是没有记录相关的流量过程。本书的模型除了模拟管涌发生，管涌通道前进发展的过程及过程中的流量都可模拟。因此，本节选取 Vandenboer 等（2014a）的室内管涌试验，其记录了管涌发展过程及对应的流量数据，以此对本书模型的流量计算进行验证。

3.3.1　试验基本情况

由于 Vandenboer 等（2014a）并未给出试验装置示意图，而 Van Beek 等（2014）中采用的是同一试验装置，因此图 3.18 中的装置示意图来自 Van Beek 等（2014）。Vandenboer 等（2014a）的室内管涌后向侵蚀试验同样为室内小尺度试验，主要比对管涌破坏的临界水头、管涌通道的发展及管涌通道流量。

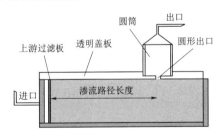

图 3.18　试验装置（Van Beek et al.，2014；Vandenboer et al.，2014a）

该装置设置基本与周晓杰（2006）试验类似。长方体土槽长为 40cm（上、下游反滤层过水断面距离），土槽高度为 10cm，本书选取了槽宽为 10cm 的试验数据进行临界水头和管道发展过程流量的比对。土槽中装填透水性强的无黏性砂，装填方法同样为水下分层抛撒，并采用脉冲振动及碾压方法压实。以透明有机玻璃板覆盖在砂土之上封装整个土槽，且在其上开设直径为 5mm 圆形孔作为管涌出口，开孔中心点距离上游入水断面 30cm。土槽的上游断面全面过水，提供恒定水头。

Vandenboer 试验所用砂样同样为无黏性砂，砂样级配较为均匀，中值粒径 d_{50} 为 $250\mu m$，d_{10} 为 $170\mu m$。具体级配情况如图 3.19 所示。

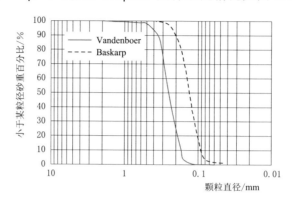

图 3.19　Vandenboer 试验用砂与 Bascarp 砂样级配曲线

3.3.2　模型参数选取

有关试验土样的孔隙度，原参考文献并未提及。但提及试样装样过程对土样进行了压实处理，约达到 90% 的相对密实度。且 Vandenboer 试验所用砂样的级配曲线与 Van Beek 试验所用的 Baskarp 砂样的级配曲线形状基本一致（图 3.19），整体颗粒偏细一些。因此，本书模拟将土体相关参数如孔隙度 n、临界孔隙度 n_c 及土体渗透系数各向异性程度系数 ζ 均与 Baskarp 砂样在密实度 $D_r = 90\%$ 情况下的参数进行类比，得到最终取值。

根据 Vandenboer 对试验现象的描述，管涌通道贯穿上下游时宽度在 $1\sim2cm$，深度为毫米级。在对本实验进行数值模拟时，对管道截面的尺寸定为深度为 2mm、宽度为 1cm 的矩形断面。模型具体参数设置见表 3.7。

表 3.7　　　　　　　　　数 值 模 型 参 数

参数	颗粒间摩阻系数 f_f	各向异性比值 ζ	孔隙度 n	临界孔隙度 n_c	相对密实度 D_r	管道尺寸 /(mm×mm)	侵蚀系数 K_3	流量修正系数 K_{3d}
参数值	0.35	2.35	0.34	0.467	90%	2×10	0.3	0.8

3.3.3　数值模拟结果验证

Vandenboer 对其砂样在相同密实度情况下将试验重复了三次，试验结果见表 3.8。

表 3.8　　　　　　　　　　　　　　　**Vandenboer 试验结果**

试验	试验 1	试验 2	试验 3
临界贯穿水头值	11cm	12cm	12.5cm

本书模型对试样发生管涌贯穿破坏的临界水头模拟结果如图 3.20 所示。

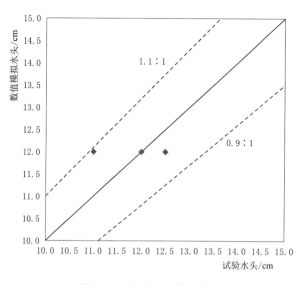

图 3.20　临界水头模拟结果

可见，临界水头模拟结果对三次试验的整体吻合度较好。

同时，Vandenboer 的试验还记录了该土槽试验中，每次试验管涌通道发展至不同位置时，其对应的该时刻管涌出口的出水量。选用临界贯穿破坏水头为 12cm 时的实验数据结果与数值模拟计算得到的流量结果进行对比，如图 3.21 所示。

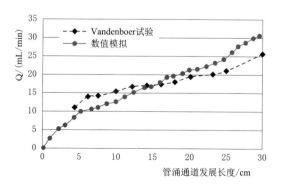

图 3.21　管涌出口流量数值模拟结果与 Vandenboer 试验对比

模拟结果显示，模型对管涌通道发展过程中，管道尖端及管道边壁入渗量的计算可靠，以流量矫正系数 $K_{3d}=0.8$ 对数值模型中概化为矩形断面的管涌通道流量矫正还是能较好的符合实际情况的。

3.4　本章小结

本章主要通过不同的室内管涌发展试验对模型进行了参数率定以及原理验证。通过设有悬挂式防渗墙的管涌试验的模拟，验证了模型中采用的侵蚀颗粒的受力力学分析方法较为可靠。模型对侵蚀发生的模拟结果较为准确，同时在有悬挂式防渗墙情况下对侵蚀的发展方向的判断也较为可靠。

对于相同土体在不同密实度条件下的管涌发展试验，本书提出土体密实度与渗透系数各向异性程度之间的简化线性关系，利用第 2 章所建立的可以反映土体各向异性程度影响的管涌动态模型发展，模拟土体在不同密实度情况下发生管涌贯穿破坏的情况，并与试验数据取得了较好的吻合。

通过对管涌发展过程流量试验的模拟，得到与试验数据符合较好的数值结果，验证了模型对于管涌发展过程中通道流量计算的可靠性。说明了以渗流-管流耦合方法对流场水力信息求解较为合理，同时说明管涌通道形状的矩形概化处理以及采用流量校正系数对管道中总流量的矫正基本可靠。

第 4 章 悬挂式防渗墙的作用机制

悬挂式防渗墙是我国一种常见的堤防抗管涌侵蚀的防渗措施。它的抗渗作用通常被认为是增加了渗透路径从而降低了全局水力梯度。然而，实际管涌的发生与发展机制是复杂的，与多种因素相关，包括管涌发生地及管涌尖端的当地水力梯度、土体性质、土体渗透系数及土体颗粒级配。目前的研究对于管涌现象以及悬挂式防渗墙作用机制的理解还是十分有限的。对悬挂式防渗墙作用的研究，无论是试验方面，还是传统的理解认为其延长了渗透路径从而降低管涌发生的临界条件，都没有涉及悬挂式防渗墙本质的作用机制。悬挂式防渗墙在实际工程应用中的作用一直没有科学的分析证明。

对于管涌的实际发展过程，已有不同学者开展了数值模拟研究并将研究用于设置悬挂式防渗墙工况的堤基管涌模拟中。罗玉龙等（2010b）基于渗流理论以溶质运移思想为基础求解管涌侵蚀发展过程中全域孔隙度的变化，讨论了悬挂式防渗墙的存在对孔隙变化的影响，但模型采用纯渗流模型且采用的侵蚀本构方程为砂岩侵蚀方程，与堤防管涌的砂土侵蚀有一定区别。Zhou 等（2012）的模型较为真实地模拟了管涌通道发展随时间变化的过程，初步完成了目前试验技术难以实现的对管涌发展过程的定量描述，实现了管涌在悬挂式防渗墙工况下的发展模拟。但他的研究对多孔介质土体的侵蚀机制的均以简化方式替代。本书第 2 章所建立的模型在模拟管涌通道随时间发展的过程中，考虑了土体孔隙度、渗透系数以及土颗粒级配等参数的变化，并对管涌通道尖端的颗粒进行受力分析以定量化表达其侵蚀机制，使管涌的发生、发展条件更加符合真实情况，且模型考虑了土体的各向异性特性，可以更好地模拟设置悬挂式防渗墙工况下管涌的侵蚀发展。

针对目前对悬挂式防渗墙理论研究的不足，本章期望通过管涌动态发展过程数值模型的研究，实现对悬挂式防渗墙作用机制更为科学的认识。通过各种堤基管涌动态发展过程的模拟算例，研究悬挂式防渗墙的作用机制以及不同因素对悬挂式防渗墙作用的影响，研究悬挂式防渗墙抵抗管涌发生与发展的作用机制。

本章主体结构内容如下：4.1 节从管涌发生、发展条件讨论悬挂式防渗墙的作用特征；4.2 节研究悬挂式防渗墙对渗流场的改变；4.3 节从管涌通道发展过程中尖端颗粒所受侵蚀力学条件的改变研究悬挂式防渗墙的作用机制；4.4 节对影响悬挂式防渗墙作用的若干因素进行讨论。需要注意的是：本章的所有数值算例都是基于周晓杰（2006）的模型试验，基本参数设置同表 3.2。在 4.4 节讨论悬挂式防渗墙影响因素时，改变了防渗墙的位置及土体渗透系数各向异性比值，进行了不同情况下管涌发展模拟。管涌出口均设在距离上游入水断面 145cm 的位置。本书对管涌发生临界上游水头的定义为：管涌发生，但最终在防渗墙前停止发展；对管涌破坏临界上游水头的定义为：管涌发生，且绕过悬挂式防渗墙最终发展至连通上下游。

4.1 悬挂式防渗墙作用特征

4.1.1 悬挂式防渗墙对管涌发生和管涌贯穿破坏的作用

根据第 3 章对周晓杰（2006）的试验所进行的模型验证计算，在有墙和无墙情况下，数值模拟结果得到的分别引起管涌发生及贯穿堤基破坏的临界上游水头如图 4.1 所示。

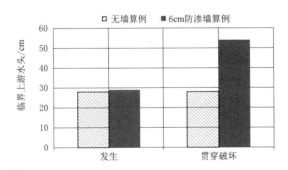

图 4.1 不同墙深下管涌发展及贯穿破坏的临界水头

可见，在设置悬挂式防渗墙后，发生管涌的临界水头只有非常有限的提高。此时，管涌仍会发生，但是会停止在防渗墙前不再继续发展。但是，管涌通道贯穿堤基破坏的临界水头却由 28cm 提升至 54cm，超过临界水头后，管涌通道将翻越防渗墙并继续向上游发展。

可以看到，悬挂式防渗墙对堤基管涌的发生条件影响并不明显，但是却将堤基管涌贯穿破坏的水头提升了几乎一倍，使管涌在防渗墙前停止发展，其阻止管涌继续发展的效果十分显著。

该模拟结果证实了已有的关于悬挂式防渗墙对管涌发生、发展作用影响的试验结论。同时，与周晓杰（2006）试验成果（表 3.3）一致，周晓杰得到在无墙和距上游 110cm 处设置 6cm 防渗墙的情况下，管涌临界贯穿破坏水头分别为 27.9cm 与 52.9cm。同时，模拟结果也符合试验结论：悬挂式防渗墙对管涌发生条件的影响不大但却可有效控制管涌的继续发展。

4.1.2 设置悬挂式防渗墙工况下管涌的三段式发展

无墙情况下，管涌通道始终沿着上、下土层交界面发展直到贯穿堤基，如图 4.2（a）。图 4.2（b）则展示了在距离上游 110cm 位置处设置 6cm 悬挂式防渗墙情况下，管涌通道贯穿堤基的发展形态。两个算例的上游水头均为 80cm。可见，防渗墙的存在使得管涌通道在迫近防渗墙下游侧时改变了发展方向，以竖向侵蚀发展的方向绕过防渗墙，然后在墙的上游侧以一定角度斜上方发展回到两土层交界面，继续水平向上游发展。

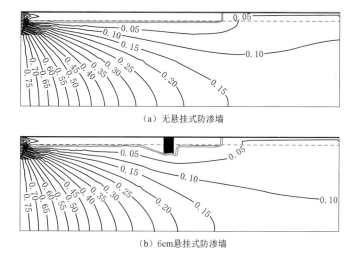

（a）无悬挂式防渗墙

（b）6cm悬挂式防渗墙

图 4.2 管涌通道发展形态示意图

同时，在有悬挂式防渗墙的情况下，管涌通道贯穿堤基的发展过程明显分为了三个不同的阶段：下游侧发展段、绕墙段及上游侧发展段。其中，下游侧发展段与上游侧发展段同无墙情况一样，为水平向发展；而绕墙段过程中则改变了侵蚀发展的方向，首先是向下的侵蚀发展过程；防渗墙底侧沿墙水平发展；越过墙底后由墙底逐渐向上发展侵蚀回到土体表层。

图 4.3 计算了图 4.2 所示的无墙和有墙的情况下，管涌通道从管涌口发展至上游入水断面处的通道尖端前进位置随时间的变化过程。

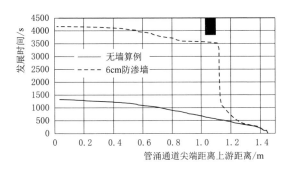

图 4.3　有墙和无墙情况下防渗墙发展过程的时间累积曲线

可以看到，在无墙情况下，管涌通道发展的累积曲线较为平滑，管涌通道的前进速度在接近上游的过程中逐渐增大。有防渗墙情况下，在管涌通道发展的三个不同阶段里，其发展时间累积曲线也明显不同。绕墙段虽然发展距离（水平向）极少，但耗时却占整体耗时的 2/3。而上、下游侧水平发展段的差异则比较微弱。如上游侧发展段中，有墙情况耗时 548s，无墙情况管涌通道发展相同距离耗时为 487s。因此，有墙工况的整体贯穿堤基耗时为无墙情况的 3 倍，主要差异为绕墙段引起。

管涌通道发展耗时的差异，其原因是管涌通道尖端土颗粒侵蚀的力学条件的改变。由于悬挂式防渗墙对其周围局部流场的影响，土颗粒侵蚀的水动力学条件会发生改变，也就是式（2.16）中渗透流速 u 降低；同时由于悬挂式防渗墙使管涌侵蚀方向发生改变，土颗粒的自重成为侵蚀的驱动力或阻力，改变侵蚀发生的临界条件，造成式（2.16）中 u_c 增加。因此，结合式（2.16），此时管涌通道前进相同的距离 ΔL，则需要更多的时间 Δt。

4.2　悬挂式防渗墙对渗流场的影响

传统理解悬挂式防渗墙的作用机制为增加渗透路径的长度从而降低管涌发生的临界条件。事实上，悬挂式防渗墙对流场的影响受其作用距离的限制，它的存在并不能对整个流场范围产生明显的影响。

图 4.4（a）展示了上游水头为 30cm、管涌出口位置相同的有墙和无

墙两种不同情况下的渗流场。有墙情形的悬挂式防渗墙设置在距离上游入水断面110cm处，墙深度为6cm。可以看到，悬挂式防渗墙存在一个局部影响范围。防渗墙附近的渗流场与无墙情况下相比变化明显。但在上游进口附近、管涌口附近和远离防渗墙的地基深处，两个流场的等水头线几乎重合，悬挂式防渗墙对流场的影响几乎可以忽略。图4.4（b）则将两个不同渗流场对应位置的水头差以等势线形式表示出来。可以明显看到防渗墙对周围流场影响范围的大小，越接近墙体，对应位置水头改变越大。

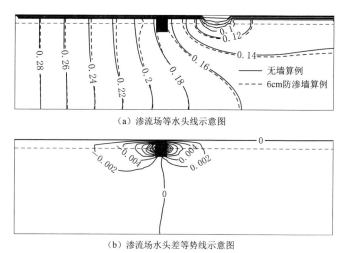

（a）渗流场等水头线示意图

（b）渗流场水头差等势线示意图

图4.4 有墙和无墙算例渗流场差异示意图

进一步观察可见，悬挂式防渗墙周边局部流场的等水头线间距也发生明显变化，说明渗透坡降发生改变。在防渗墙上游侧和下游侧的影响范围内，等水头线变得稀疏，渗透坡降降低；但在墙底附近，等水头线变得密集，渗透坡降增大。即在上游水头保持不变的条件下，悬挂式防渗墙导致了渗透坡降的局部空间重分布。

由此可以看到，如果管涌口的位置不在悬挂式防渗墙的明显影响范围内，管涌口附近的水力条件几乎没有改变，管涌是否发生自然与是否有墙关系不大。这很好解释了在一些试验条件下，悬挂式防渗墙对改变管涌发生条件的作用十分微弱的原因。

4.3 悬挂式防渗墙对颗粒侵蚀条件的改变

图4.3所示的管涌通道发展耗时的差异，已提到根本原因是管涌通道

尖端土颗粒侵蚀的力学条件的改变。第 2 章模型中通道侵蚀发展的判别条件为临界孔隙度，因此，侵蚀发展过程中，级配曲线上一部分较细颗粒是一定会被侵蚀带走的，比如 d_5。本节就以直径 d_5 的土颗粒为例，计算其在管涌通道发展过程中受力的变化情况。

根据颗粒的受力极限平衡状态 [式（2.6）] 可知，颗粒在侵蚀过程中所受的驱动力主要是渗透水流对它的作用力 f_s，在侵蚀发展方向上，渗透水流作用力 f_s 可表达为

$$f_s = f_{sx}\sin\theta - f_{sy}\cos\theta \tag{4.1}$$

而颗粒所受的阻力，也是颗粒的临界起动作用力 f_{cri}，主要由其自身重力 f_g 及周围颗粒对其的摩阻力 f 构成，在侵蚀发展方向上，颗粒临界起动作用力 f_{cri} 可表达为

$$f_{cri} = f - f_g\cos\theta \tag{4.2}$$

式中：θ 为侵蚀发展方向与 y 轴正向的夹角。

图 4.5 以直径 d_5 的土颗粒为例，计算了在管涌通道发展过程中其尖端土颗粒受力的变化情况。图 4.5（a）为作用在土颗粒上驱动侵蚀发生的渗流作用力 f_s；图 4.5（b）为土颗粒的临界起动作用力 f_{cri}，也即作用在土颗粒上的阻力。

从图 4.5 的整体趋势来看，土颗粒所受的渗流驱动力随着管涌通道发展接近上游而逐渐增大，而临界起动作用力逐渐减小。这是因为随着管涌通道发展接近上游，通道尖端的水力坡降逐渐增大，导致渗流驱动力的增大；其中垂向渗流力也逐渐增大，减小了通道水平向发展时因颗粒自重而产生的颗粒间摩阻力，使得土颗粒临界起动的发生条件降低。管涌口处为渗透水流集中出渗点，水力梯度较大，因而图 4.5（a）中在管涌出口处土颗粒所受的渗流作用力较大。

在管涌通道发展下游侧段，图 4.5（b）显示管涌通道在接近防渗墙过程中，土颗粒的临界起动作用力在有墙和无墙情况下并无差异。此阶段的管涌通道发展为水平向，阻力基本源自土颗粒之间的摩阻力。但是图 4.5（a）的下游侧发展段却表明，在有墙情况下，管涌通道接近防渗墙时，渗流驱动作用力却逐渐下降。这正是由于悬挂式防渗墙对其周围流场的影响，造成土颗粒侵蚀的水动力学条件降低。从而也造成有墙情况下，管涌通道迫近防渗墙时发展速度逐渐降低，耗时较无墙情况大（图 4.3）。

管涌发展绕墙段中，在防渗墙下游侧为竖向侵蚀阶段，其渗流驱动力为整个贯穿过程的最低值，见图 4.5（a）；而此时颗粒被侵蚀的临界起动

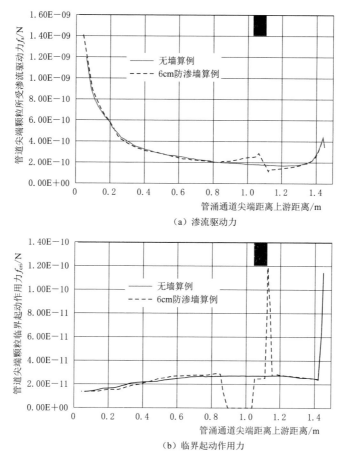

图 4.5 管涌通道尖端颗粒（d_5）受渗流驱动力及临界起动作用力
随管涌发展过程的变化

作用力却因为要克服自身重力而明显增大，造成管涌通道竖向侵蚀阶段发展极为缓慢，占据了整个贯穿时长的一半（图 4.3），且有墙和无墙情况管涌通道发展的时间差异也主要在于此。此外，管涌在管涌口处开始发生时，土颗粒也需要克服自重被水流侵蚀带出，因此图 4.5（b）中管涌出口处的颗粒临界起动条件也较高。

　　管涌通道翻越防渗墙后即以一定角度向斜上游方向发展。此时的通道尖端颗粒所受渗流驱动力较绕墙段下游侧时有一个明显的提升［图 4.5（a）］。随着管涌通道向上发展过程中，渗流驱动力逐渐减小。但是在这个过程中，土颗粒自重的一部分分量成为驱动侵蚀发生的作用力。此时，土颗粒仅在自重作用下即可被侵蚀带走，见图 4.5（b）。因此，该阶段的侵蚀发展速度非常快。由图 4.3 可见，该段耗时累积曲线的斜率非常小。

　　管涌通道在距离上游入水断面 86cm 处重新回到上、下土层交界面处水平向发展，开始上游侧发展段。由图 4.5 可见，此后的发展过程，不管是颗粒所受的渗流驱动力还是临界起动作用力，有墙和无墙情况相比都基本一致。因此该阶段两种情况的管涌通道发展时间累积曲线的趋势也基本一致，见图 4.3。在最后这段水平发展路径中，有墙情况的管涌发展耗时 548s，而相同的路径无墙情况耗时为 487s，时间相差很少。也再次说明在远离防渗墙的区域中，渗流场受防渗墙的影响也越来越弱。

4.4　悬挂式防渗墙作用的影响因素

　　通过前文对悬挂式防渗墙使管涌通道发展变为三段式的发展特征、悬挂式防渗墙对渗流场的影响范围以及悬挂式防渗墙改变了管涌通道尖端颗粒的受力条件的讨论，可知悬挂式防渗墙主要通过影响局部渗流场及改变管涌通道发展方向而发挥作用。本节主要讨论影响悬挂式防渗墙作用的因素。明确影响悬挂式防渗墙作用的因素有助于实现悬挂式防渗墙的优化布设。

4.4.1　墙深对防渗墙作用的影响

　　本算例将悬挂式防渗墙设置于距离上游 110cm 处，改变悬挂式防渗墙的不同墙深。计算随着墙深的增加，发生管涌贯穿破坏的临界上游水头。结果如图 4.6 所示。

　　可以看到，悬挂式防渗墙深度的增加对于提高临界贯穿破坏水头的作用较为明显。这与目前的试验研究结果一致，已有的悬挂式防渗墙试验均证明墙深的增大对于提高管涌的临界贯穿破坏水头作用明显。

　　为了讨论墙深增加的效益，本书将防渗墙对应的临界贯穿破坏水头增量 ΔH 与其深度增量 Δd_{wall} 的比值定义为防渗墙的效益系数。图 4.7 展示了防渗墙墙深每增加 6cm 与其对应的效益系数的关系。

　　可以看出，随着贯入度的增加，防渗墙的效益系数在降低。说明虽然悬挂式防渗墙墙深的增加可不断提高管涌贯穿破坏的临界水头，但其墙深的过度增加不可能无限提高临界水头，会造成工程投资浪费。

　　此外，墙深的增加同样会影响悬挂式防渗墙的作用范围。以悬挂式防

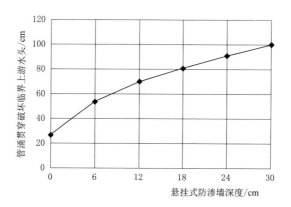

图 4.6　临界贯穿破坏水头与防渗墙深度关系

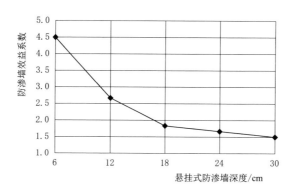

图 4.7　防渗墙贯入度与防渗效益关系曲线

渗墙设置在距离上游 110cm 处为例，增加防渗墙墙深，管涌发生条件略有提高（图 4.8），但依然明显低于管涌临界贯穿水头的提高程度。说明随着悬挂式防渗墙墙深的增加，对管涌口处的流场影响还是有所改变。

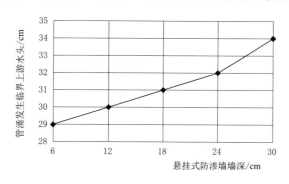

图 4.8　管涌发生临界水头与防渗墙深度关系

　　防渗墙对周围流场的影响，可以从相同边界条件下有墙和无墙情况下管涌通道发展过程中其尖端水力梯度的变化体现。由于有墙情况下，管涌通道一开始沿着土层交界面发展，至防渗墙前受其影响改变发展方向，且在翻越防渗墙后以一定角度斜上方发展一段距离后回归土层交界处。而无墙情况下，管涌通道的贯穿路径始终沿着上、下土层的交界面。因此，本书选择防渗墙下游侧发展段（管涌通道水平向发展段）的计算结果来反映悬挂式防渗墙对周围流场影响范围的差异。

　　图 4.9 展示了悬挂式防渗墙位于距离上游 110cm 处，在不同墙深下的 3 个算例的计算结果，上游水头均为 80cm。分别为无墙、6cm 防渗墙和 12cm 防渗墙条件，计算管涌通道贯穿堤基过程中其尖端水平向水力梯度的变化。可以看到，在远离防渗墙的区域，3 个算例的管涌通道尖端水力梯度数值基本吻合。但在防渗墙附近范围，不同墙深情况下管涌通道尖端水力梯度则表现出了明显不同。在防渗墙下游侧管涌通道的水平段发展过程中，6cm 防渗墙的算例其尖端水平向水力坡降在管涌口附近与无墙情况几乎一致；但在管涌通道发展至 $x=1.3$m 处时，其尖端水力坡降受防渗墙的影响仍然逐渐下降，低于无墙情况对应点的水平坡降值。而防渗墙深为 12cm 时，则几乎从管涌口处开始，管涌通道的水平向尖端水力梯度值就低于无墙情况，说明墙深的增大使得防渗墙的影响范围增大，对管涌口水力条件影响的增大也使得管涌口发生管涌的条件得到一定提升。

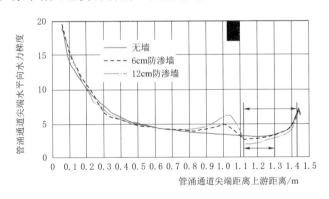

图 4.9　管涌通道尖端水平向水力梯度随管涌发展过程的变化

4.4.2　墙的位置对防渗墙作用的影响

　　4.2 节已经讨论了悬挂式防渗墙对渗流场的影响仅在局部较为明显。那么，改变悬挂式防渗墙的位置也势必会对防渗效应产生不同的影响。图

4.10 显示的是悬挂式防渗墙位于距离上游不同位置处所对应的管涌临界贯穿破坏水头与管涌临界发生水头。临界贯穿破坏水头与临界发生水头的差异即在于管涌通道是否翻越了防渗墙。

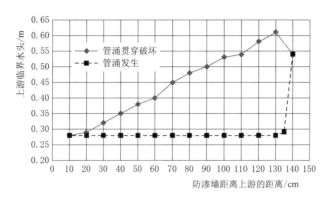

图 4.10　防渗墙设置于不同位置时对应的管涌临界发生水头和临界贯穿破坏水头

　　由图 4.10 可看出，悬挂式防渗墙距离管涌发生处越近，则管涌通道翻越防渗墙所需的水头就越高；而当悬挂式防渗墙紧邻管涌发生处设置时，管涌贯穿堤基破坏的水头却有所下降。这是由于管涌发生口处的渗透水流集中，水力梯度较大的缘故。然而，由于悬挂式防渗墙影响的渗透流场范围有限，悬挂式防渗墙的不同位置对管涌发生条件的改变几乎可以忽略。仅在悬挂式防渗墙十分接近管涌发生口时，管涌发生的临界条件略微得到提高；当悬挂式防渗墙紧邻管涌发生口时，管涌发生的条件与管涌贯穿破坏的条件相同。因为该工况下管涌发生时刻即首先沿着防渗墙竖向侵蚀，因此只要管涌发生，即会翻越防渗墙并最终贯穿堤基。

4.4.3　土体各向异性对悬挂式防渗墙作用的影响

　　实际上，管涌竖向侵蚀难以发生除了有土颗粒需克服自重的因素，自然界中普遍存在的土体各向异性现象也是导致管涌不同方向的侵蚀发展所需水力条件不同的重要原因。通常沉积物因其沉积方式而往往使得其沿某个方向的渗透性大于沿其他方向上的渗透性。除去倾斜岩层外，一般水平方向的渗透性较大，垂直方向渗透性较小。因此，较弱的土体垂向渗透性造成了管涌竖向侵蚀需要更强的水力条件。

　　为了研究土体各向异性对管涌侵蚀发展的影响，本书选择在距离上游入水断面110cm 处设置深度为 6cm 的防渗墙，仅改变土体渗透系数各向

异性的比值 ζ，研究其对防渗墙作用的影响。其中水平向渗透系数不变，仅改变垂直向渗透系数。

图 4.11 所示为土体渗透系数的各向异性比值 ζ 分别为 1、3 和 5 时，管涌通道可贯穿堤基的临界水头值。其中，圆点代表不设置防渗墙的计算结果。

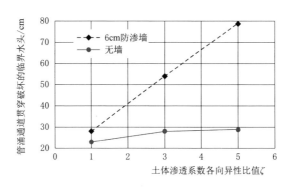

图 4.11　土体各向异性比值与管涌临界破坏水头的关系

可以看到，在无墙情况下，较大的土体各向异性程度可提高管涌贯穿破坏的临界的水头，但效果并不显著。说明土体各向异性程度本身会对渗流场产生一定影响，但对提高堤基土体抗管涌侵蚀能力的影响并不明显。然而在设置防渗墙的情况下，随着土体各向异性程度的增大，则防渗墙的抗侵蚀破坏效应也明显提升。这一现象说明了土体各向异性程度的提高对悬挂式防渗墙的作用有明显的强化效应。

同样以防渗墙下游侧管涌通道水平向发展段的计算结果来反映不同土体各向异性情况下悬挂式防渗墙对周围流场影响范围的差异，如图 4.12 所示。

图 4.12（a）、（b）分别是堤基土体渗透系数为各向同性以及各向异性且土体水平向与垂直向渗透系数比值为 5 时，在没有防渗墙和设置 6cm 防渗墙的工况下，采用相同的上游水头 80cm，管涌通道发展贯穿堤基过程中其尖端水平向水力梯度的变化。从有墙和无墙算例的结果对比可以看出，在远离防渗墙的区域，管涌通道尖端水力梯度数值几乎不受防渗墙存在的影响；但在防渗墙附近区域，有墙和无墙情况下管涌通道尖端水力梯度则表现出了明显不同，且土体各向异性比值越大，有墙和无墙情况下水力梯度数值不重合的范围越大。说明土体各向异性程度较大时，悬挂式防渗墙对其周围流场的影响范围也越大。

图 4.13 计算了在相同的上游水头作用下（80cm），选择 ζ 分别等于 1、

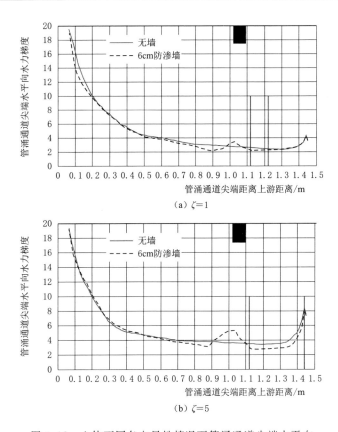

（a）ζ＝1

（b）ζ＝5

图 4.12 土体不同各向异性情况下管涌通道尖端水平向
水力梯度随管涌发展过程的变化

3 和 5 的情况下，管涌侵蚀通道从预设管涌口发展至上游入水断面处所经历的时间的变化过程。

从整体发展时间看，土体各向异性程度越大，则管涌发展所需时间越长。但从侵蚀发展的累积时间曲线的趋势来看，耗时的差异主要在翻越防渗墙的过程。由图 4.2（b）已知管涌通道在临近防渗墙下游侧的发展是以几乎垂直角度竖向侵蚀的过程。图 4.13 的计算结果也可看到该段发展的时间累积曲线斜率最大。当 ζ＝1 时，即表明为各向同性土体。可看到此时管涌通道在防渗墙前的竖向发展比水平向发展时较为耗时，但这仅是土颗粒自重的影响结果。当土体各向异性比值取值越大时，管涌通道在防渗墙下游侧的竖向发展耗时也越多。这从另一方面说明提高土体各向异性程度，会明显提高管涌贯穿堤基破坏的上游临界水头。因为较大的土体各向异性程度情况下，管涌通道绕过防渗墙的竖向发展将更为困难。

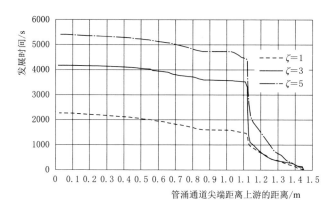

图 4.13　不同土体各向异性条件下管涌发展过程时间累积曲线

　　明确了影响悬挂式防渗墙作用的因素,更有助于悬挂式防渗墙的优化布设。悬挂式防渗墙的布设中,可考虑在不明显抬高堤身浸润线的前提下,将悬挂式防渗墙尽量布置在靠近下游处;墙深的深度达到最优值后,是否需要继续加深要充分考虑防渗效益比值;此外,对堤基进行碾压压实本身可能对阻止管涌发生作用并不明显,但结合悬挂式防渗墙的布设则有助于提高悬挂式防渗墙的防渗效用。

4.5　本章小结

　　悬挂式防渗墙使管涌改变发展路径,将管涌通道的发展过程分为三个阶段:下游侧发展段、绕墙段、上游侧发展段。管涌通道在这三个阶段的发展难易程度有明显不同,绕墙段的发展更为困难也需要更多的时间。

　　悬挂式防渗墙仅对其周围的局部流场产生影响,降低了当地土颗粒侵蚀的水动力学条件;同时,如果潜在管涌发生点不在防渗墙的影响范围时,则防渗墙对于管涌发生的条件影响十分有限。

　　在管涌通道的绕墙段发展中,其受力情况与上、下游侧发展段有明显的区别。由于土颗粒的自重影响,不同侵蚀方向上的颗粒侵蚀临界条件不同,尤其在管涌通道绕墙段向下发展过程中颗粒所需的临界起动力明显增大,同时作用在颗粒上的渗流驱动力减小,造成竖向侵蚀难以发生,从而有效提高了管涌贯穿破坏的临界条件。

　　影响悬挂式防渗墙的作用因素除了防渗墙自身因素外,还包括土体各向异性程度比值。影响悬挂式防渗墙作用的自身因素有悬挂式防渗墙的墙深和墙的位置。数值模型模拟结果表明,上游临界破坏水头的增长在防渗墙深达到一定程度后增量呈减弱趋势;防渗墙设置的位置越靠近下游管涌发生位置对管涌发生、发展的控制作用越好,但当悬挂式防渗墙设置在紧邻管涌发生口位置时,渗控效果反而有一定程度降低。

第5章 典型堤防案例

我国有七大水系，堤防长度较长，且我国的堤防工程建设历史久远，早期的堤防建设大多就地取材，缺少科学理论的指导，目前依然多段堤防未达标，险情频发。其中，堤基管涌是我国堤防险情的一种常见形式。

为了提高堤防工程的防渗能力，通常有三种途径（李思慎 等，2002）：以防渗墙和铺盖为主的截渗措施、采用盖重和压浸平台的压渗措施以及以排水沟、排水井、反滤层为手段的排渗措施。这些措施往往采用相结合的形式达到堤防抗渗作用效果。

在截渗措施中，截断式和半截断式防渗墙的效果已被普遍认可，它被证明可有效阻止管涌侵蚀的继续发展。通常在透水层深度较浅时可直接选择截断透水层的防渗墙。但是，当透水层深度较大时，采用截断式防渗墙造价过高且无法施工。"98"洪水之后，由于悬挂式防渗墙造价相对经济、施工难度较小，我国不少堤防加固工程选择了这一截渗措施，且对其设置已有一定工程经验。目前工程中对悬挂式防渗墙墙深的选择通常遵循墙深 $H_{wall}=(1\sim1.5)H$ 的经验关系，H 为堤防上、下游水头差。

本章在我国典型堤基条件下，研究汛期堤基管涌的易发性以及现有悬挂式防渗墙设置经验的适用性。

5.1 我国堤防及管涌险情概况

5.1.1 堤防结构与工程地质条件

在我国，易诱发堤基管涌的堤防形式多为黏土堤身建于有一定深度较强透水层的堤基上。以下是不同流域的较为典型的堤防断面情况。

（1）长江堤防。长江中下游干流堤防多建于第四纪冲积平原上，堤基表层的防渗铺盖一般为 $1\sim3m$，最多达 $10m$，下层为深厚的较强透水层（郭铁女 等，2006）；张家发等（2001）总结长江堤防的典型断面，其堤身高度及堤底宽度随不同段的作用水头不同而有差异，堤底大致宽 $60\sim70m$。

（2）黄河堤防。张秀勇等（2011）研究中提到的黄河下游济南段临黄堤左岸天桥段。该段堤高约为 13m，堤顶宽 8m，堤底宽 70m 左右，堤身从上至下为砂壤土和壤土构成，堤身下为 2m 厚的黏土层，透水性较弱，黏土层下直到距离堤顶 50m 的深度均为透水性较强的砂壤土。

（3）松花江堤防。松花江的双层堤基堤防断面（孙原峰，2000）大致也为堤底宽度 50m，堤身下有 0～2m 的天然黏土铺盖，下卧为砂石透水层，通常为由粗砂、粉砂组成的较强透水层向砂卵石组成的强透水层过渡，且深度达百米以上。

（4）辽河堤防。辽河的部分堤段如大闸屯、东蛇山等也显示为黏土堤身建筑在二元堤基之上，堤底宽度通常为 50m 左右，设计水位 4m 左右，堤身多为粉质黏土或粉质黏土与细砂互层，堤基上层为透水性较弱的黏土或粉土，厚度为 1～3m，下卧层以中细砂和细砂为主，深度接近无限。

表 5.1 总结了以上 4 个流域典型堤防断面的基本参数。可以看出，不同流域的典型堤防断面的共同特点是均为二元堤基，上层为透水性较弱的黏土层，下层为透水性较强的砂土层，这两种土层的渗透系数一般差值在两个数量级以上，且弱透水层与强透水厚度相比较薄。

表 5.1　　　　　　　　　　不同流域典型堤防断面情况

流域	堤底宽度 /m	黏土层深度 /m	黏土层渗透系数 /(m/s)	透水层深度 /m	透水层渗透系数 /(m/s)
长江堤防	60～70	1～3	1×10^{-7}	＞10	1×10^{-5}
黄河堤防	≈70	≈2	3.3×10^{-8}	≈40	1.754×10^{-6}
松花江堤防	≈50	0～2	1×10^{-8}	＞100	$1 \times 10^{-4} \sim 1 \times 10^{-3}$
辽河堤防	≈50	1～3	$2.2 \times 10^{-7} \sim 9.2 \times 10^{-5}$	无限	$5 \times 10^{-5} \sim 1.5 \times 10^{-4}$

5.1.2　堤防管涌险情

据统计，管涌发生的原因有一半情况是人为破坏，即人类在堤内开挖坑塘、沟道等而造成堤基表层黏土覆盖层的破坏；其次，堤基表面原始黏土层本身也存在薄弱环节。此外，我国常发生堤基管涌的堤段，其河槽大多深泓下切，渗透水流可直接进入堤基下层的强透水层。这些都是造成堤基在汛期水位上涨时容易诱发堤基砂土层管涌侵蚀的原因。

有关管涌险情的发生位置，据丁留谦等（2007c）对"98"洪水期间湖北段的统计显示，超过 20% 的管涌发生在下游堤脚 10m 范围之内。也有资料记载管涌口出现在堤防内 1km 处的情况。而关于诱发管涌的上游水位，陆小三等（2014）对长江安徽段的广济圩大堤的若干处管涌情况统计显示，其发生的平均水力坡降为 0.013～0.11；丁留谦等（2007c）文献中提到的长江流域三段不同堤防曾发生管涌的水平坡降分别为 0.2～0.24、0.12 和 0.01。

5.1.3　典型堤防断面概化

本书根据我国典型二元堤基的特征，确定的典型堤防断面形式如图 5.1 所示，堤防底宽设置为 50m，上游、下游各 50m，黏土层厚度取 3m，且覆盖堤后全部范围。以最极端情况考虑，河床表面没有黏土层，在堤防下游堤脚处设置薄弱出口作为管涌出口，即初始计算时认为堤脚黏土层已破坏。算例考虑一般强透水层深度情况，取值为 45m。为简化起见，不考虑堤身渗流影响。

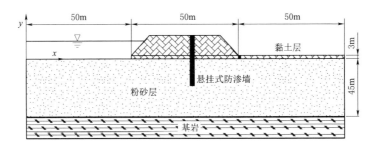

图 5.1　典型堤防断面示意图

强透水层颗粒级配取自辽河堤防中某段实测的砂土级配曲线，如图 5.2 所示。

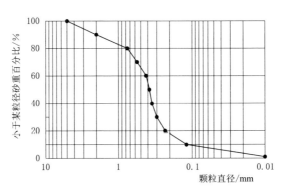

图 5.2　强透水层土体级配曲线 PSD1

一般情况下，防渗墙的布设位置视情况而定。若堤身存在缺陷，则从堤顶开始直入堤基土层，或与其他抗渗措施相结合时，从堤防迎水面靠近堤脚处布设。目前工程经验中，对悬挂式防渗墙深的确定多采用墙深 $H_{wall}=(1\sim1.5)H$（H 为上游水头）的经验关系来大致确定悬挂式防渗墙贯入透水层中的深度。本章主要考虑不同工况条件下，这一经验关系的适用性。研究中对防渗墙的渗透系数及上覆黏土层渗透系数取值同为下层强透水层的 1/1000。而对防渗墙本身的强度和厚度等因素的影响暂不涉及。

对于强透水层土体的孔隙度、压实程度及各向异性比值等，本书根据一般砂土的孔隙度取值范围，计算分析粉砂层土体在不同密实度状态的堤基渗流情况。由于不同孔隙度情况下，土体的渗透系数也不同，对于砂土层的渗透系数，按照对应孔隙度以式（2.9）计算。所选参数见表 5.2。

表 5.2　　　　　　　　　　粉砂层土体物性指标列表

指标	孔隙度	渗透系数/(m/s)	各向异性比值 ζ
最密实状态	0.3	9.23×10^{-5}	6
最松散状态	0.45	3.49×10^{-4}	1

其中，最密实状态的孔隙度对应最小孔隙度 n_{min}，此时土体的各向异性程度比值最大。最松散状态的孔隙度对应土体最大孔隙度，此时土体被认为是各向同性的，其中任一孔隙度对应的各向异性比值大小按照式（3.1）～式（3.3）进行计算。

其他参数同第 3 章模型验证一致，对于管涌通道尺寸，通过一些现场资料记载（陆小三 等，2014），不同汛期不同堤防处的管涌口径有所不同，目前所观测到的通常都在 5～50cm。Van Beek 等（2011）在室外大尺度模型试验观测到的贯穿堤基后管涌发生位置处口径大小约为 14cm，且管涌口处为最大口径，模型依然将其概化为矩形，取 3cm×5cm，即 3cm 深、5cm 宽，其他参数设置见表 5.3。

表 5.3　　　　　　　　　　数 值 模 型 参 数

参数	颗粒间摩阻系数 f_f	颗粒形状系数 C_s	临界孔隙度 n_c	管道尺寸 /(cm×cm)	侵蚀系数 K_3	流量修正系数 K_{3d}	孔隙几何形态系数 C_p
参数值	0.35	0.8	n_{max}	3×5	0.3	0.8	1.2

5.2　悬挂式防渗墙对堤基管涌的控制作用

在悬挂式防渗墙对堤基管涌的控制作用研究中，本书选择堤基强透水

层土体初始孔隙度 $n_0 = 0.35$，此时土体对应的渗透系数各向异性比值 $\zeta = k_x/k_y = 4.59$。悬挂式防渗墙设置在堤身中间位置，距离上游堤角距离为 $x = 75\text{m}$。强透水层厚 45m。

在本章设置的典型堤防条件下，悬挂式防渗墙距离管涌口位置较远，对于管涌的发生影响甚微，且悬挂式防渗墙深度不够时，依然无法阻止管涌的继续发展。图 5.3 为在上游水头为 4m 时，悬挂式防渗墙深设置为 $H_{wall} = 3\text{m}$，发生管涌通道贯穿堤基破坏的通道形态示意图，其中灰色实线为管涌通道。

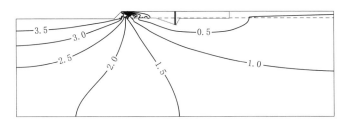

图 5.3　管涌贯穿堤基破坏的通道形态

此时，悬挂式防渗墙没有有效阻止管涌继续发展。但是图 5.4 比较了在上游水头 4m 条件下，不设置防渗墙和设置 3m 深防渗墙时管涌通道贯穿堤基的发展时间过程。

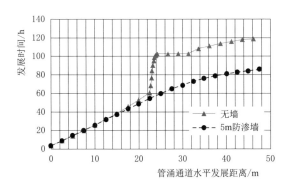

图 5.4　管涌水平发展距离与时间关系曲线

可以看到，如果没有悬挂式防渗墙，上游水头 4m 时管涌贯穿堤基所需时间为 86h。而设置 3m 深悬挂式防渗墙时，当管涌通道发展接近防渗墙下游侧时，其发展速度已有所减缓，尤其在管涌通道翻越防渗墙的过程耗时较长，将近 50h。说明悬挂式防渗墙即使不能阻止管涌的继续发展，仍然可以起到减缓管涌发展速度的作用，为抢险争取时间。

在上游水头为 4m 的工况下，如果继续增加悬挂式防渗墙墙深至 5m，此时虽然管涌仍然会发生，但是却会在发展至防渗墙前停止发展。图 5.5 展示了无墙和 5m 深悬挂式防渗墙工况下，管涌通道发展时的管涌口流量过程的模拟结果。

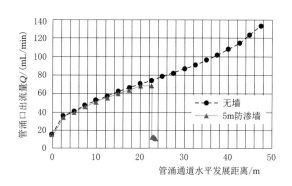

图 5.5　管涌水平发展距离与管涌口出流量关系曲线

可以看到，虽然 5m 深的悬挂式防渗墙并没有起到阻止管涌发生的作用，但从管涌口的流量过程可以看出，当管涌通道发展至悬挂式防渗墙前时，由于防渗墙的作用使其尖端水力梯度明显减小，管涌通道在防渗墙前停止发展，同时管涌通道中总流量明显下降。这主要是因为管涌通道中流量主要来自尖端的入渗量，边壁入渗较少，当管涌通道尖端水力梯度明显下降时，管道中流量也将显著减少。悬挂式防渗墙因此控制了管涌危害的扩展，如上游水头稳定不再增加的情况下，此时堤基会再次达到稳定渗流状态，管涌的发生对堤防安全无害。对比无墙情况，管涌通道不仅会继续向上游发展，且因逐渐接近上游过程中尖端水力梯度变大而使得管涌通道流量显著增加，管涌危害逐渐加剧。

图 5.5 的结果表明，虽然悬挂式防渗墙不能有效阻止堤基管涌的发生，但是其对管涌发展过程的流量控制效果还是较为明显的。其设置深度若能有效阻止管涌继续发展，使其停止在防渗墙前，即能有效降低管涌通道流量并控制管涌险情的恶化。

5.3　悬挂式防渗墙墙深的影响

5.2 节的计算结果已表明，墙深的增加对提高管涌贯穿破坏的水头是有效的。本节即对悬挂式防渗墙墙深的设置进行算例分析，工况设计同

5.2 节，计算中仅改变墙深的深度。

图 5.6 为在不同墙深情况下，模拟发生管涌贯穿堤基破坏的临界上游水头结果。

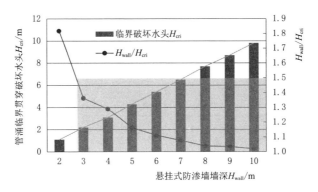

图 5.6　临界贯穿破坏水头与防渗墙深度关系（PSD1）

由图 5.6 可见，悬挂式防渗墙对于提高管涌侵蚀的临界破坏水头是有效果的，随着墙深的增加，发生管涌贯穿破坏的临界水头在逐渐升高。且在防渗墙从 2m 到 10m 的增加过程中，临界破坏水头随墙深增加较为稳定。

还可以看出，防渗墙深度过浅时，其防渗效果较差。图 5.6 中阴影区域即表示模拟结果中墙深与临界水头关系符合工程经验的工况。除了 2m 墙深的算例外，在目前的级配条件下，模型计算得到的悬挂式防渗墙贯入深度与其对应的发生管涌贯穿破坏的临界水头之间的关系也基本符合实际工程经验中墙深 $H_{wall} = (1 \sim 1.5) H_{cri}$ 之间的关系，H_{cri} 为模型计算的可发生管涌贯穿堤基破坏的临界上游水位。

因实际堤防中，堤基的土体性质各不相同。因此，本书同时进行了改变强透水层砂土的级配的算例，本算例选择如图 5.7 所示的砂土 PSD2，其级配曲线的形状与 PSD1 相似，但是颗粒整体偏细，在相同孔隙度情况下，其渗透系数也相对 PSD1 较弱，这样在相同上游水头下，其堤基的渗透水流条件也会相对较弱。但其细颗粒更细，理论上更易被水流侵蚀。

对于 PSD2 砂样的孔隙度和各向异性数值，采用图 5.6 的算例所用的相同参数，计算结果如图 5.8 所示。

由图 5.8 可以看到，选择级配较细的砂样模拟结果发生了变化。图中条柱和浅灰色实线表示 PSD2 砂样的模拟临界水头结果，深灰色实线为

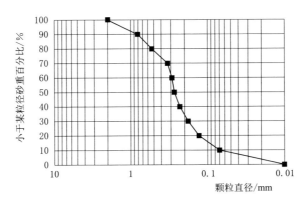

图 5.7　强透水层土体级配曲线（PSD2）

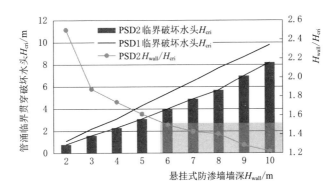

图 5.8　临界贯穿破坏水头与防渗墙深度关系（PSD2）

PSD1 的模拟结果。PSD2 砂样虽然发生管涌贯穿堤基破坏的临界水头与悬挂式防渗墙墙深的关系同砂样 PSD1 的模拟趋势类似，均为随着墙深增大上游临界水头提高。但整体水头值却偏低。图 5.8 中阴影区域仍为墙深与水头的关系符合工程经验的区域，可以明显看到，在 PSD2 的砂样中，工程经验适用的范围比 PSD1 砂样缩小不少。当墙深在 5m 以下时，墙深与临界水头的比例关系都不在 1～1.5 之间，而是大于 1.5，为 $H_{wall} = (1.6 \sim 2.6)H_{cri}$，不符合工程经验关系。但在 6m 墙深以上情况下，H_{wall}/H_{cri} 的关系是符合工程经验关系的。

　　模拟结果说明墙深与临界水头的关系同颗粒级配相关，级配整体偏细，则相同水力条件下，细颗粒更容易被带出，也更易造成侵蚀破坏。而工程经验关于墙深与临界水头的关系在改变强透水层级配后的模拟中适用性受限，仅在较大墙深情况下符合。

5.4　悬挂式防渗墙位置的影响

在堤防的加固工程中若选择悬挂式防渗墙作为截渗措施，从施工操作角度来讲，一般会将悬挂式防渗墙从堤顶打入，穿过堤身并根据需要深入到堤基的不同位置。但是也有很多堤防的抗渗措施同堤防工程同时施工时，则往往会将悬挂式防渗墙布设在堤防临水面的堤脚处，并结合其他的抗渗措施如防渗铺盖一起发挥作用。本算例改变悬挂式防渗墙的位置，讨论当悬挂式防渗墙布设在上游堤脚处所发挥的抗渗作用，仅为比较悬挂式防渗墙位置不同的作用效果，因此没有在堤脚设置防渗铺盖。

图 5.9 为以砂样 PSD1 作为强透水层土料，初始孔隙度 $n_0 = 0.35$，此时土体对应的渗透系数各向异性比值 $\zeta = k_x/k_y = 4.59$。将悬挂式防渗墙设置在上游堤脚，即 $X = 50m$ 位置处。通过改变墙深，得到不同墙深对应的发生管涌贯穿堤基破坏的临界上游水头。

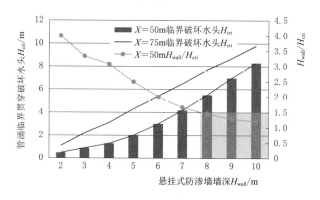

图 5.9　防渗墙位置对临界贯穿破坏水头与防渗墙深度关系的影响（PSD1）

图 5.9 中，条柱和浅灰色实线均代表当悬挂式防渗墙设置在上游堤脚（$X = 50m$）处时，不同墙深对应的管涌贯穿破坏临界水头；深灰色实线则代表当悬挂式防渗墙设置在堤身中部（$X = 75m$）时不同墙深对应的管涌贯穿破坏临界水头。可以看出，当悬挂式防渗墙设置在上游堤脚处 $X = 50$ 处时，与设置在 $X = 75m$ 处时相比，墙深增大所对应的临界上游破坏水头均为增长趋势，但相同墙深对应的上游临界破坏水头均较低。同时，当悬挂式防渗墙设置在上游堤脚处时，在小墙深情况下，增加防渗墙深度对应临界水头的提高较为缓慢，不似墙体设置在 $X = 75m$ 处时的匀速增长。

当悬挂式防渗墙设置在上游堤脚处时，防渗墙深度小于 5m 时，防渗墙深增加所提高的发生管涌贯穿破坏的临界水头十分有限；但当墙深大于 5m 时，增加墙深对提高悬挂式防渗墙的效果还是较为有效的。

圆点实线为临界水头与墙深比值随墙深增加的曲线，阴影区域为模拟结果符合与工程经验关系相符的部分。可以看出，当悬挂式防渗墙设置在上游堤脚处且墙深小于 6m 时，H_{cri}/H_{wall} 的数值较大，为 2～4，与工程经验的关系比值不符。但随着墙深的增加，当墙深为 8～10m 时，H_{cri}/H_{wall} 的数值仍在经验区间（1，1.5）之间，与工程经验关系相符。

单纯从防渗效果来讲，悬挂式防渗墙设置在堤防中部比设置在上游堤脚处要好。同时，改变防渗墙位置的算例结果说明，墙深与上游临界水头的关系与防渗墙体的设置位置是相关的，当悬挂式防渗墙设置在不同位置时，墙深与水头的工程经验不一定完全符合安全要求。如在本节算例工况下，当悬挂式防渗墙设置在上游堤脚处时，只有墙深大于 8m 时才可按照工程经验关系设置防渗墙。而由上游水头根据工程经验关系计算得到的悬挂式防渗墙墙深不足 8m 时，则很可能出现管涌绕过防渗墙发展连通堤防上下游的情况。

5.5 土体各向异性程度的影响

由于不同堤基的地质条件、自然环境各有差异，其土体的各向异性程度也并不相同。本书在此针对 PSD1 砂样，改变其各向异性程度进行计算，研究各向异性程度在堤防案例中对悬挂式防渗墙效果的影响。

本算例针对 PSD1 砂样设置其初始孔隙度 $n_0 = 0.4$，即与 $n_0 = 0.35$ 相比，土体处于较为松散的状态。根据表 5.2 及式（3.1）～式（3.3）得到 $n_0 = 0.4$ 对应的渗透系数各向异性程度为 $\zeta = k_x/k_y = 2.94$，透水层厚依然为 45m。悬挂式防渗墙设置在 $X = 75m$ 的位置处。仅改变悬挂式防渗墙墙深，计算结果如图 5.10 所示。

图 5.10 中条柱和浅灰色实线均代表改变 PSD1 初始孔隙度后，将悬挂式防渗墙设置在 $X = 75m$ 处的不同墙深对应的临界上游水头。深灰色实线则是图 5.6 的小孔隙度（$\zeta = k_x/k_y = 4.95$）工况下的不同墙深对应的计算结果。可以看到，在大孔隙度、土体低密实度情况下，悬挂式防渗墙深度增加，对应临界水头同样呈增加趋势。但是，与小孔隙度高土体密实度工况相比，相同墙深对应的管涌贯穿破坏的临界水头整体偏低，这一趋势在

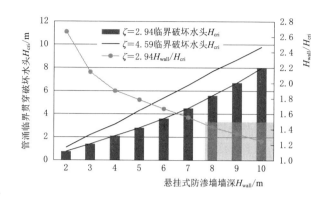

图 5.10　土体各项异性程度对临界贯穿破坏水头与防渗墙深度关系的影响（PSD1）

小墙深情况下表现相对不明显，但随着墙深增加，高密实度土体提高管涌贯穿破坏水头的效果则较为明显。这是由于土体密实度的降低，土体整体渗透系数增加，且渗透系数各向异性比值的减小使得垂直向渗透系数 k_y 变得更大。因此，悬挂式防渗墙改变土颗粒侵蚀的水动力学条件的影响就会减弱。造成土体密实度较低情况下，悬挂式防渗墙阻止管涌改变侵蚀发展方向的作用减弱。此外，与较大密实度工况相比，在土体较低密实度工况下，除了相同悬挂式防渗墙墙深对应的临界水头较低，相应位置悬挂式防渗墙增加相同深度，临界水头的提升程度也相对较小。

图 5.10 中圆点实线表示墙深与临界水头的关系（H_{cri}/H_{wall}）的变化曲线，其中阴影区域代表其关系与工程经验关系相符合的部分。可以看到，在改变土体密实度后，墙深与临界水头的关系也并不完全在 1～1.5 的区间内。当墙深小于 7m 时，若按照 $H_{wall}=(1\sim1.5)H$ 的经验关系设置防渗墙深，明显不够安全。但当墙深在 7～10m 时，工程经验关系是适用的。该算例说明墙深与临界水头的关系也受土体自身密实程度的影响，当密实度较小时，以工程经验设置防渗墙可能会存在一定隐患。

5.6　本章小结

本章总结了我国典型堤防的断面条件，对典型堤防布设悬挂式防渗墙的情况进行了案例分析。

在本章设置的典型堤防条件下，悬挂式防渗墙设置在堤身中间或上游堤脚均对下游堤脚处管涌的发生影响不大。某些情况下，悬挂式防渗墙的设置不能阻止管涌的发生甚至不能防止管涌贯穿堤基发展，但是悬挂式防渗墙可有效延长管涌贯穿堤基的发展时间，为控制险情争取处理时间。此外，本书算例工况下，悬挂式防渗墙虽不能阻止管涌发生，但墙深足够情况下可以使管涌通道在悬挂式防渗墙前停止发展，此时，管涌出口的流量也被明显控制住，可有效防止险情继续扩展。

结果同时表明，在本章设置的典型堤防条件下，目前工程中常用的管涌悬挂式防渗墙墙深设置的经验公式 $H_{wall}=(1\sim1.5)H$ 存在一定的适用条件，土体颗粒级配变细、悬挂式防渗墙位置布设靠近上游以及堤基土体的压实程度不够等情况，都会对这一经验公式的适用产生明显影响，导致其安全度不够。但根据模拟结果，在改变土体级配、悬挂式防渗墙位置及土体密实程度时，虽然工程经验适用范围变小，但在 8m 以上墙深情况下，工程经验的墙深与上游水头关系则均可以保证悬挂式防渗墙控制管涌破坏的作用。

此外，在本章的典型堤防条件下，当悬挂式防渗墙深度在 3m 以下时，各种工况下防渗效果均较差，无法发挥控制管涌发展破坏的作用。

第6章 结论与展望

6.1 研究结论

管涌是威胁土石坝与堤防安全的一个重要问题。尽管对于管涌问题的研究已有一百多年的历史，但由于其细观侵蚀机制的研究仍不够深入，仍然没有可以较好模拟管涌侵蚀发展动态过程的模型。本书在总结目前已有的管涌发展过程试验现象和管涌侵蚀机制理论研究成果的基础上，建立了考虑颗粒侵蚀和尖端破坏等力学机制的管涌通道发展数学模型。得到主要结论如下：

（1）渗流作用力、土颗粒自重及周围颗粒对土颗粒的摩阻力，是影响管涌发生、发展的动力因素。在管涌通道非水平向的发展过程中，土颗粒自重可能会成为驱动力使管涌侵蚀更加容易，也可能成为阻力而阻碍管涌通道的发展。通过对颗粒侵蚀过程的力学分析，建立了管涌动态发展数学模型，模型模拟结果能够很好重现试验数据。

（2）新建模型适用于无黏性砂土管涌的模拟，模型中对土体细观参数如颗粒级配、孔隙度、渗透系数以及这些参数之间关系的考虑，使模型可以体现不同土样管涌侵蚀发生、发展的差异。结合试验数据的计算分析，表明土体密实度与渗透系数各向异性程度影响管涌动态发展过程。通常密实度越高，发生管涌的临界水头就越高。

（3）悬挂式防渗墙使管涌通道发展过程变为三个阶段，绕墙段的发展是悬挂式防渗墙发挥作用的关键。在绕墙段发展中，由于土颗粒的自重影响，不同侵蚀方向上的颗粒侵蚀临界起动条件不同；在管涌通道向下发展过程中，颗粒所需的临界起动力明显增大，作用在颗粒上的渗流驱动力减小，有效提高了管涌贯穿破坏的临界条件。同时，悬挂式防渗墙显著影响其周围局部流场。如果潜在管涌发生点不在防渗墙的影响范围时，则防渗墙对于管涌发生条件影响微弱。

（4）墙深增加有助于提高管涌破坏的临界水头，但是存在最优墙深值。当超过最优值后，悬挂式防渗墙的防渗效益比减少。土体渗透系数的各向异性，导致一般土体垂向渗透系数最小，降低绕流段开始时的渗透水流作用力，使管涌通道绕墙侵蚀发展更加困难，从而能够强化悬挂式防渗墙作用。

（5）在典型堤防案例条件下，目前采用的悬挂式防渗墙经验公式存在一定适用条件，土颗粒级配、悬挂式防渗墙设置位置以及土体密实程度均会对悬挂式防渗墙的作用效果产生影响；在墙深大于 8m 的情况下，墙深与水头的工程经验关系基本适用且能保证控制管涌的效果。

6.2　主要创新点

本书基于土体颗粒渗流侵蚀力学分析，研究了土体渗流侵蚀机制，建立了管涌动态发展数学模型，应用已有管涌试验资料对模型进行了原理验证和参数率定，并将模型应用于悬挂式防渗墙作用机制研究和典型堤防防渗经验的合理性分析。取得的主要创新点如下：

（1）建立了基于颗粒侵蚀力学条件和管涌通道尖端破坏机制的管涌通道发展数学模型。模型考虑了土体-渗透水流的耦合效应和土体渗透系数的各向异性，可模拟土体级配、孔隙度、渗透系数及土体密实度等不同土体参数下的管涌侵蚀发展过程。

（2）揭示了悬挂式防渗墙影响周围局部流场、降低土颗粒所受的渗流作用力、增大颗粒侵蚀临界起动力等作用机制，阐释了土体渗透系数各向异性增强悬挂式防渗墙作用的力学原因。

（3）论证了悬挂式防渗墙深的工程经验公式 $[H_{wall}=(1\sim1.5)H]$ 的适用条件。在典型堤防断面条件下，8m 以上墙深具有符合工程经验的渗控效果，土体级配、防渗墙位置以及土体压实程度均会对工程经验公式的适用性产生影响。

6.3　研究展望

本书围绕管涌侵蚀发展过程的模拟方法及悬挂式防渗墙的作用机制进行了一些探索，但仍存在不足和不完善之处，有待后续工作继续研究：

（1）天然土体的非均质现象和各向异性特征非常普遍，已广泛开展了随机渗流问题研究（Ahmed，2013；Silliman and Zheng，2002；Winter and Tartakovsky，2002；盛金昌 等，2001）。本书虽然考虑了土体的各向异性特征，但仍将土体视为均质介质，这使模型的应用受到一定限制。对于一些管涌试验中出现的通道发展过程终止现象，本书模型尚无法模拟。

（2）新建模型为管涌发展二维模型，以概化形式计算管涌通道截面，同时以管道边壁中心线上的入渗量替代通道边壁的入渗量。对管涌通道发展进行三维模拟可以解决这一问题，将使管道入渗流量计算更加准确，同时可以考虑管道尖端至管涌发生口位置管道宽度的变化。

（3）目前模型求解采用无单元法。该方法可以实现动边界模拟的同时，可任意加密管道尖端节点提高尖端水力条件计算精度。但由于算法基于滑动最小二乘法，计算结果本身存在一定误差，一味增加节点密度并无法使计算结果更加精确。而管涌侵蚀发展计算较依赖于尖端水力条件计算结果，后续研究可通过尝试新的算法来提高计算精度。

（4）对悬挂式防渗墙作用的研究仍然较为初步。今后需要建立墙体参数（如墙深、位置、自身渗透系数）与土体性质、地形几何条件、上覆弱透水层等因素的定量关系，总结出悬挂式防渗墙设计参数的一般性规律。

参 考 文 献

曹敦侣，1985. 渗流管涌的随机模型 [J]. 长江科学院院报，（2）.

曹敦侣，曹罡，邹大元，等，1997. 水工建筑物渗流管涌的 Monte - Carlo 模拟 [J]. 人民长江，28（6）：11 - 13.

长江水利委员会防汛办公室，1998. 一九九八年长江防汛总结 [Z]. 武汉：长江水利委员会.

陈建生，李兴文，赵维炳，2000. 堤防管涌产生集中渗漏通道机理与探测方法研究 [J]. 水力学报，（9）：48 - 54.

丁留谦，吴梦喜，刘昌军，等，2007a. 双层堤基管涌动态发展的有限元模拟 [J]. 水利水电技术，38（2）：36 - 39.

丁留谦，姚秋玲，孙东亚，2007b. 双层堤基中悬挂式防渗墙渗控效果的试验研究 [J]. 水利水电技术，38（2）：23 - 26.

丁留谦，张启义，姚秋玲，2007c. 1998 年长江流域管涌险情特点分析 [J]. 水利水电技术，38（2）：44 - 45.

傅旭东，胡叠，介玉新，2011. 考虑管径拓展的管涌发展过程模拟 [J]. 应用基础与工程科学学报，19（supplement）：49 - 56.

郭铁女，张艳霞，朱常平，2006. 长江中下游干流堤防设计标准 [J]. 人民长江，37（9）：47 - 49.

胡叠，2011. 管涌发展过程模拟 [D]. 北京：清华大学.

贾金生，袁玉兰，马忠丽，2006. 2005 年中国与世界大坝建设情况（水电 2006 国际研讨会）[C]. 昆明：中国水电顾问集团昆明勘测设计研究院.

介玉新，董唯杰，傅旭东，等，2011. 管涌发展的时间过程模拟 [J]. 岩土工程学报，33（2）：215 - 219.

寇晓东，1998. 无网格法追踪结构开裂及拱坝稳定分析 [D]. 北京：清华大学.

李广信，周晓杰，2005. 堤基管涌发生发展过程的试验模拟 [J]. 水利水电科技进展，25（6）：21 - 24.

李守德，张晓海，刘志祥，2003. 基坑开挖工程管涌发生过程的模拟 [J]. 工程勘察，2：14 - 17.

李思慎，王满兴，任大春，2002. 长江重要堤防的防渗问题 [J]. 人民长江，33（8）：7 - 10.

刘昌军，丁留谦，孙东亚，等，2012. 单层堤基管涌侵蚀过程的模型试验及数值分析 [J]. 土木工程学报，45（8）：140 - 147.

刘川顺，刘祖德，王长德，2002. 冲积地基堤防垂直防渗方案研究 [J]. 岩石力学与工程学报，21（3）：434.

刘建刚，陈建生，焦月宏，等，2002. 双层结构堤基渗透变形发展过程的数值模拟 [J].

岩土力学，23（6）：706-713.

刘忠玉，乐金朝，苗天德，2004. 无粘性土中管涌的毛管模型及其应用［J］. 岩土力学与工程学报，23（22）：3871-3876.

陆小三，王志伟，童劲松，等，2014. 浅谈长江安徽段堤防散浸和管涌危害评价及其防治［J］. 地下水，36（1）：106-108.

罗玉龙，2009. 堤防渗流控制技术及管涌机理研究［D］. 武汉：武汉大学.

罗玉龙，彭华，张晋，2010a. 基于 SUPG 稳定有限元技术的纯对流耦合管涌模型［J］. 岩土工程学报，32（7）：1072-1078.

罗玉龙，速宝玉，2010b. 基于溶质运移的悬挂防渗墙管涌控制效果［J］. 浙江大学学报（工学版），44（10）：1870-1875.

毛昶熙，段祥宝，蔡金傍，2005. 悬挂式防渗墙控制管涌发展的理论分析［J］. 水利学报，36（2）：174-178.

毛昶熙，段祥宝，吴良骥，2009. 砂砾土各级颗粒的管涌临界坡降研究［J］. 岩土力学，30（12）：3705-3709.

倪小东，王媛，王飞，2009. 管涌的砂槽试验研究及颗粒流模拟［J］. 四川大学学报（工程科学版），41（6）：51-57.

盛金昌，速宝玉，魏保义，2001. 基于 Taylor 级数展开随机有限元法的裂隙岩体随机渗流分析［J］. 岩土工程学报，23（4）：485-488.

孙原峰，2000. 松花江堤防防渗方案的设计及建议［J］. 防渗技术，6（3）：22-27.

王保田，陈西安，2008. 悬挂式防渗墙效果的模拟试验研究［J］. 岩土力学与工程学报，27（增1）：2766-2771.

姚秋玲，丁留谦，孙东亚，等，2007. 单层和双层堤基管涌砂槽模型试验研究［J］. 水利水电技术，38（2）：13-18.

殷建华，1998. 土堤管涌区渗流的有限元模拟［J］. 岩石力学与工程学报，17（6）.

张刚，2007. 管涌现象细观机理的模型试验与颗粒流数值模拟研究［D］. 上海：同济大学.

张家发，吴昌瑜，李胜常，等，2001. 堤防加固工程中防渗墙的防渗效果及应用条件研究［J］. 长江科学院院报，18（5）：56-60.

张家发，吴昌瑜，朱国胜，2002. 堤基渗透变形扩展过程及悬挂式防渗墙控制作用的试验模拟［J］. 水利学报，33（9）：108-111.

张家发，朱国胜，曹敦侣，2004. 堤基渗透变形扩展过程和悬挂式防渗墙控制作用的数值模拟研究［J］. 长江科学院院报，21（6）：47-50.

张秀勇，花剑岚，杨洪祥，2011. 基于可靠度的黄河下游堤防工程渗流稳定分析［J］. 河海大学学报（自然科学版），39（5）：536-539.

中华人民共和国水利部，中华人民共和国国家统计局，2013. 第一次全国水利普查公报［J］. 中国水利.

周健，姚志雄，张刚，2007. 砂土渗流过程的细观数值模拟［J］. 岩土工程学报，29（7）：977-981.

周健，姚志雄，张刚，2008. 基于散体介质理论的砂土管涌机制研究［J］. 岩石力学与工程学报，27（4）：749-756.

周维垣，寇晓东，1998. 无单元法及其在岩土工程中的应用［J］. 岩土工程学报，（1）：

5 - 9.

周晓杰，2006. 堤防的渗透变形及其发展的研究 [D]. 北京：清华大学.

周晓杰，介玉新，李广信，2009. 基于渗流和管流耦合的管涌数值模拟 [J]. 岩土力学，30 (10)：3154 - 3158.

ABRAMS D M，LOBKOVSKY A E，PETROFF A P，et al. ，2009. Growth laws for channel networks incised by groundwater flow [J]. Nature Geoscience，2 (3)：193 - 196.

AHMED A A，2013. Stochastic Analysis of Seepage under Hydraulic Structures Resting on Anisotropic Heterogeneous Soils [J]. Journal of Geotechnical and Geoenvironmental Engineering，139 (6)：1001 - 1004.

BARS M L，WORSTER M G，2006. Interfacial conditions between a pure fluid and a porous medium：implications for binary alloy solidification [J]. Journal of Fluid Mechanics，550：149 - 173.

BECKWITH C W，BAIRD A J，HEATHWAITE A L，2003a. Anisotropy and depth - related heterogeneity of hydraulic conductivity in a bog peat. Ⅰ：laboratory measurements [J]. Hydrological processes，17 (1)：89 - 101.

BECKWITH C W，BAIRD A J，HEATHWAITE A L，2003b. Anisotropy and depth - related heterogeneity of hydraulic conductivity in a bog peat. Ⅱ：modelling the effects on groundwater flow [J]. Hydrological processes，17 (1)：103 - 113.

BEGUIN R，FAURE Y，GUIDOUX C，et al. ，2010. Hydraulic Erosion along the Interface of Different Soil Layers，Scour and Erosion [Z]. Virginia：American Society of Civil Engineers，387 - 397.

BELYTSCHKO T，LU Y Y，GU L，1994. Element - free Galerkin methods [J]. Int. J. for Num. Methods in Engrg. ，37：229 - 256.

BENDAHMANE F，MAROT D，ALEXIS A，2008. Experimental Parametric Study of Suffusion and Backward Erosion [J]. Journal of Geotechnical and Geoenvironmental Engineering，134 (1)：57 - 67.

BEZUIJEN A，KLEIN BRETELER M，BAKKER K J，1987. Design criteria for placed block revetments and granular filters [C] //Second International Conference on Coastal and Port Engineering in Developing Countries. Dalian：Dalian University of Technology.

BLIGH W G，1910. Dams，barrages and weirs on porous foundations [J]. Engineering News，64 (26)：708 - 710.

BRAUNS J，1985. Erosionsverhalten geschichteten Bodens bei horizontaler Durchstromung [J]. Wasserwirtschaft，75：448 - 453.

CEDERGREN H R，1967. Seepage，Drainage，and Flow Nets [M]. second edition. New York：John Wiley & Sons.

CHANSON H，1999. The Hydraulics of Open Channel Flow：An Introduction [M]. Oxford，UK：Butterworth - Heinemann.

CHAPUIS R P，2004. Predicting the saturated hydraulic conductivity of sand and gravel using effective diameter and void ratio [J]. Canadian Geotechnical Journal，41 (5)：787 - 795.

CIVIDINI A，GIODA G，2004. Finite - Element Approach to the Erosion and Transport of

Fine Particles in Granular Soils [J]. International Journal of Geomechanics, 4 (3): 191 – 198.

CLIBBORN J, 1902. Experiments on the passage of water through sand, Calcutta [M]. India: Government of India, Central Printing Office.

CYRIL G, YVES – HENRI F, REMI B, et al., 2010. Contact Erosion at the Interface between Granular Coarse Soil and Various Base Soils under Tangential Flow Condition [J]. Journal of Geotechnical and Geoenvironmental Engineering, 136 (5): 741 – 750.

DMITRIEV M, DMITRIEV N, MAKSIMOV V, 2005. Representation of the functions of the relative phase permeabilities for anisotropic porous media [J]. Fluid Dynamics, 40 (3): 439 – 445.

EL SHAMY U, AYDIN F, 2008. Multiscale modeling of flood – induced piping in river levees [J]. Journal of Geotechnical and Geoenvironmental Engineering, 134 (9): 1385 – 1398.

FANNIN R J, MOFFAT R, 2006. Observations on internal stability of cohesionless soils [J]. Geotechnique, 56 (7): 497 – 500.

FAULKNER H, 2006. Piping Hazard on Collapsible and Dispersive Soils in Europe, Soil Erosion in Europe [M]. UK.: John Wiley & Sons.

FLESHMAN M S, RICE J D, 2014. Laboratory Modeling of the Mechanisms of Piping Erosion Initiation [J]. Journal of Geotechnical and Geoenvironmental Engineering, 140 (6): 12.

FOSTER M, FELL R, SPANNAGLE M, 2000a. A method for assessing the relative likelihood of failure of embankment dams by piping [J]. Canadian Geotechnical Journal, 37 (5): 1025 – 1061.

FOSTER M, FELL R, SPANNAGLE M, 2000b. The statistics of embankment dam failures and accidents [J]. Canadian Geotechnical Journal, 37 (5): 1000 – 1024.

FOX G A, HEEREN D M, WILSON G V, et al., 2010. Numerically predicting seepage gradient forces and erosion: Sensitivity to soil hydraulic properties [J]. Journal of Hydrology, 389 (3 – 4): 354 – 362.

FOX G A, WILSON G V, PERIKETI R K, et al., 2006. Sediment transport model for seepage erosion of streambank sediment [J]. Journal of Hydrologic Engineering, 11 (6): 603 – 611.

FOX G A, WILSON G V, SIMON A, et al., 2007. Measuring streambank erosion due to ground water seepage: correlation to bank pore water pressure, precipitation and stream stage [J]. Earth Surface Processes and Landforms, 32 (10): 1558 – 1573.

FUJISAWA K, MURAKAMI A, NISHIMURA S, 2010. Numerical analysis of the erosion and the transport of fine particles within soils leading to the piping phenomenon [J]. Soils and Foundations, 50 (4): 471 – 482.

FUJISAWA K, SAKAI K, MURAKAMI A, 2014. Numerical analysis of seepage – induced erosion of soils by solving the Darcy – Brinkman Equations [C] //Proceedings of the 7th International Conference on Scour and Erosion, Perth, Austrilia, 381 – 387.

GRAF W H, 1998. Fluvial Hydraulics: Flow and Transport Processes in Channels of Simple

Geometry [M]. New York: Wiley & Sons.

GRIFFITHS D, FENTON G A, 1998. Probabilistic analysis of exit gradients due to steady seepage [J]. Journal of Geotechnical and Geoenvironmental Engineering, 124 (9): 789 – 797.

GUTJAHR A, GELHAR L W, BAKR A A, et al., 1978. Stochastic analysis of spatial variability in subsurface flows 2. Evaluation and application [J]. Water Resources Research, 14 (5): 953 – 959.

GV W, J N, RC S, et al., 2013. Internal erosion during soil pipeflow: state of the science for experimental and numerical analysis [J]. Transactions of the ASABE, 56: 465 – 478.

HOWARD A D, MCLANE C F, 1988. Eerosion of cohesionless sediment by groundwater seepage [J]. Water Resources Research, 24 (10): 1659 – 1674.

IICHIRO K, MAKOTO N, Yuji T, 1978. Levee failure caused by seepage and preventive measures [J]. Natural Disaster Science, 9 (2): 56 – 76.

INDRARATNA B, MUTTUVEL T, KHABBAZ H, 2009. Modelling the erosion rate of chemically stabilized soil incorporating tensile force – deformation characteristics [J]. Canadian Geotechnical Journal, 46 (1): 57 – 68.

ISTOMINA V S, 1957. Filtration Stability of Soils [M]. Moscow: Gostroizdat (in Russian).

IZUMI N, PARKER G, 2000. Linear stability analysis of channel inception: downstream – driven theory [J]. Journal of Fluid Mechanics, 419: 239 – 262.

WIT J M D, SELLMEIJER J B, PENNING A, 1981. Laboratory Testing on Piping [J]. Proc. 10th Int. Conf. Soil Mech. Found. Eng., Stockholm, 1: 517 – 526.

JANG J, NARSILIO G A, SANTAMARINA J C, 2011. Hydraulic conductivity in spatially varying media – a pore – scale investigation [J]. Geophysical Journal International, 184 (3): 1167 – 1179.

JENTSCH H, SADAGHIANI M R, WINKLER P, et al., 2014. Experimental investigation – influence of the shape of the gradation curve on the soil structure [M]. Scour and E-rosion, CRC Press, 105 – 110.

JING Y S, ZHANG B, THIMM A, et al., 2008. Anisotropy of soil hydraulic properties a-long arable slopes [J]. Pedosphere, 18 (3): 353 – 362.

KENNEY T C, Lau D, 1985. Internal stability of granular filters [J]. Canadian Geotechnical Journal, 22 (2): 215 – 225.

KENNEY T C, LAU D, 1986. Internal stability of granular filters: Reply [J]. Canadian Geotechnical Journal, 23 (3): 420 – 423.

KHILAR K C, FOGLER H S, GRAY D H, 1985. Model for piping – plugging in earthen structures [J]. Journal of Geotechnical Engineering – Asce, 111 (7): 833 – 846.

KOELEWIJN A R, DE VRIES G, VAN LOTTUM H, et al., 2014. Full – scale testing of piping prevention measures: Three tests at the IJkdijk, Physical Modelling in Geotechnics [M]. London: Taylor and Francis Group.

LAMBE T W, WHITMAN R V, 1979. Soil Mechanics [M]. New York: John Wiley & Sons, 67.

LANDAU L D, LIFSHITZ E M, 1960. Electrodynamics of Continuous Media [M]. Oxford: Pergamon Press.

LANE E W, 1935. Security from under – sepage: Masonry dams on earth foundations [J]. Transactions ASCE, 100: 1235 – 1272.

LEVY T, SANCHEZ – PALENCIA E, 1975. On boundary conditions for fluid flow in porous media [J]. International Journal of Engineering Science, 13 (11): 923 – 940.

MANTZ P A, 1977. Incipient Transport of Fine Grains and Flakes by Fluids — Extended Shields Diagram [J]. Journal of the Hydraulics Division, 103 (6): 601 – 615.

MIDGLEY T L, FOX G A, WILSON G V, et al. , 2013. Seepage – Induced Streambank Erosion and Instability: In Situ Constant – Head Experiments [J]. Journal of Hydrologic Engineering, 18 (10): 1200 – 1210.

MUELLER – KIRCHENBAUER H, RANKL M, SCHLOETZER C, 1993. Mechanism for regressive erosion beneath dams and barrages, 1st international conference [M]. Filters in geotechnical and hydraulic engineering, Karlsruhe, 369 – 376.

MUSKAT M, 1937. The flow of homogeneous fluids through porous media [M]. New York: McGraw – Hill.

NAYROLES B, TOUZOT G, VILLON P, 1992. Generalizing the finite element method: diffuse approximation and diffuse elements [J]. Comput. Mech. , 10: 307 – 318.

OJHA C S P, SINGH V P, ADRIAN D D, 2001. Influence of porosity on piping models of levee failure [J]. Journal of Geotechnical and Geoenvironmental Engineering, 127 (12): 1071 – 1074.

OJHA C S P, SINGH V P, ADRIAN D D, 2003. Determination of critical head in soil piping [J]. Journal of Hydraulic Engineering – Asce, 129 (7): 511 – 518.

REDDI L N, LEE I M, BONALA M V S, 2000. Comparison of internal and surface erosion using flow pump tests on a sand – kaolinite mixture [J]. Geotechnical Testing Journal, 23 (1): 116 – 122.

RICE J D, DUNCAN J M, 2009. Findings of Case Histories on the Long – Term Performance of Seepage Barriers in Dams [J]. Journal of Geotechnical and Geoenvironmental Engineering, 136 (1): 2 – 15.

RICE J D, DUNCAN J M, 2010. Deformation and Cracking of Seepage Barriers in Dams due to Changes in the Pore Pressure Regime [J]. Journal of Geotechnical and Geoenvironmental Engineering, 136 (1): 16 – 25.

RICHARDS K, REDDY K, 2010. True Triaxial Piping Test Apparatus for Evaluation of Piping Potential in Earth Structures [J]. Geotechnical Testing Journal, 33 (1): 1 – 13.

RICHARDS K S, REDDY K R, 2012. Experimental investigation of initiation of backward erosion piping in soils [J]. Geotechnique, 62 (10): 933 – 942.

SCHULZE T P, WORSTER M G, 1999. Weak convection, liquid inclusions and the formation of chimneys in mushy layers [J]. Journal of Fluid Mechanics, 388: 197 – 215.

SELLMEIJER H, DE LA CRUZ J L, VAN BEEK V M, et al. , 2011. Fine – tuning of the backward erosion piping model through small – scale, medium – scale and IJkdijk experiments [J]. European Journal of Environmental and Civil Engineering, 15 (8):

1139 - 1154.

SELLMEIJER J B, 1998. On the mechanism of piping under impervious structures [D]. Delft: Delft University of Technology.

SELLMEIJER J B, KOENDERS M A, 1991. A mathematical - model for piping [J]. Applied Mathematical Modelling, 15 (11 - 12): 646 - 651.

SILLIMAN S E, ZHENG L, 2002. Comparison of Observations from a Laboratory Model with Stochastic Theory: Initial Analysis of Hydraulic and Tracer Experiments, Dispersion in Heterogeneous Geological Formations [M]. Springer Netherlands, 85 - 107.

SKEMPTON A W, BROGAN J M, 1994. Experiments On Piping In Sandy Gravels [J]. Geotechnique, 44 (3): 449 - 460.

STERPI D, 2003. Effects of the Erosion and Transport of Fine Particles due to Seepage Flow [J]. International Journal of Geomechanics, 3 (1): 111 - 122.

TOMLINSON S S, VAID Y P, 2000. Seepage forces and confining pressure effects on piping erosion [J]. Canadian Geotechnical Journal, 37 (1): 1 - 13.

VAN BEEK V M, KNOEFF H, SELLMEIJER H, 2011. Observations on the process of backward erosion piping in small -, medium - and full - scale experiments [J]. European Journal of Environmental and Civil Engineering, 15 (8): 1115 - 1137.

VAN BEEK V M, VANDENBOER K, BEZUIJEN A, 2014. Influence of sand type on pipe development in small - and medium - scale experiments [C]. Proceedings of the 7th International Conference on Scour and Erosion, Perth, Australia, 111 - 120.

VAN M A, VAN DEN HAM G A, BLAAUW M, et al., 2011. Preventing Internal Erosion Phenomena with the BioGrout process [C]. Proceedings of the 15th European Conference on Soil Mechanics and Geotechnical Engineering, Athens.

VANDENBOER K, BEZUIJEN A, VAN BEEk V, 2014a. 3D character of backward erosion piping: small - scale experiment [C]. Proceedings of the 7th International Conference on Scour and Erosion, Perth, Australia, 81 - 86.

VANDENBOER K, VAN BEEK V, BEZUIJEN A, 2014b. 3D finite element method (FEM) simulation of groundwater flow during backward erosion piping [J]. Frontiers of Structural and Civil Engineering, 8 (2): 160 - 166.

VERACHTERT E, MAETENS W, VAN DEN EECKHAUT M, et al., 2011. Soil loss rates due to piping erosion [J]. Earth Surface Processes and Landforms, 36 (13): 1715 - 1725.

WAN C F, FELL R, 2008. Assessing the potential of internal instability and suffusion in embankment dams and their foundations [J]. Journal of Geotechnical and Geoenvironmental Engineering, 134 (3): 401 - 407.

WILLIAM M, SCHUSTER R L, SABOL M A, 1994. Potential for seepage erosion of landslide dam [J]. Journal of Geotechnical Engineering, 120 (7): 1211 - 1229.

WILSON G, 2011. Understanding soil - pipe flow and its role in ephemeral gully erosion [J]. Hydrological Processes, 25 (15): 2354 - 2364.

WILSON G V, PERIKETI R K, FOX G A, et al., 2007. Soil properties controlling seepage erosion contributions to streambank failure [J]. Earth Surface Processes and Landforms，32（3）：447 – 459.

WINTER C L，TARTAKOVSKY D M，2002. Groundwater flow in heterogeneous composite aquifers［J］. Water Resources Research，38（8）：23 – 1 – 23 – 11.

YALIN M，1977. Mechanics of Sediment Transport［M］. London：McGraw – Hill.

ZHOU Xiaojie，JIE Yuxin，LI Guangxin，2012. Numerical simulation of the developing course of piping［J］. Computers and Geotechnics，44：104 – 108.